Photoshop 2021
淘宝美工全能一本通

抠图修图 + 视觉合成 + 海报设计 + 网店装修

许基海　周　莉◎编著

人民邮电出版社
北 京

图书在版编目（CIP）数据

Photoshop 2021淘宝美工全能一本通 ： 抠图修图+视
觉合成+海报设计+网店装修 / 许基海，周莉编著. -- 北
京 ： 人民邮电出版社，2022.4
ISBN 978-7-115-57211-0

Ⅰ. ①P… Ⅱ. ①许… ②周… Ⅲ. ①图像处理软件—
教材 Ⅳ. ①TP391.413

中国版本图书馆CIP数据核字(2021)第195151号

内 容 提 要

这是一本全面讲解淘宝网店装修和设计的书，从 Photoshop 软件的基础操作出发，详细讲解了淘宝
美工需要掌握的设计知识与操作技巧。

全书共 13 章，分别介绍了 Photoshop 的基本功能、抠图技法、图片调色、视觉合成、修饰图片技
法、文字设计、店招设计、海报设计、促销活动广告设计、热销区与展架设计、店铺首页设计、详情
页设计和活动页设计。随书附赠学习资源，内容包括书中案例的素材文件、实例文件，以及 PPT 教学
课件和在线教学视频。

本书适合淘宝店主、淘宝美工作为自学或提高设计水平的教程，也适合想要从事电子商务方面的
工作，但缺乏设计基础的读者阅读。同时，本书还可以作为培训机构、职业院校相关专业学生的教材。

◆ 编　著　许基海　周　莉
　　责任编辑　张丹丹
　　责任印制　马振武

◆ 人民邮电出版社出版发行　北京市丰台区成寿寺路 11 号
　　邮编　100164　电子邮件　315@ptpress.com.cn
　　网址　https://www.ptpress.com.cn
　　北京瑞禾彩色印刷有限公司印刷

◆ 开本：787×1092　1/16
　　印张：14.25　　　　　　2022 年 4 月第 1 版
　　字数：463 千字　　　　2022 年 4 月北京第 1 次印刷

定价：89.90 元

读者服务热线：(010)81055410　印装质量热线：(010)81055316
反盗版热线：(010)81055315
广告经营许可证：京东市监广登字 20170147 号

前言

本书是为希望在短时间内快速掌握淘宝美工技能的读者精心编写的淘宝设计类图书，从入门基础到应知应会，从应知应会到熟练精通，循序渐进地引导读者进行淘宝美工设计。本书内容丰富，系统地讲解了使用 Photoshop 软件进行淘宝网店装修和设计的技法，让读者逐步掌握淘宝美工设计的各项要领和核心知识。另外，本书还可以让读者快速地掌握 Photoshop 软件中各项命令和工具的使用方法及技巧。

根据淘宝美工设计的特点，本书从熟悉软件基础出发，选择淘宝美工实际应用的图片介绍 Photoshop 软件的各项基本功能、操作方法和使用技巧，然后逐步过渡到淘宝美工常用的抠图方法、合成特效技法、商品图片的调色方法和修复技法等。进而对淘宝网店的各个板块进行详细剖析，以实战的形式讲解淘宝商品文字的设计、首页店招设计、首屏海报设计、促销活动广告设计、热销区与展架设计等。最后以综合实战的形式分别讲解了淘宝店铺首页设计、商品详情页设计、淘宝活动页设计这三大页面的常用布局、规格尺寸等设计要领和表现手法。

在经过系统的学习以后，相信读者能熟练掌握淘宝美工设计的各项知识要点，并能得心应手地使用 Photoshop 软件。但值得一提的是，不能将实战的学习模式化，要学会举一反三，开拓思维，利用掌握的知识分析店铺的特性，从而不断地创作出令人满意的作品。

编者

2021 年 12 月

资源与支持

本书由"数艺设"出品，"数艺设"社区平台（www.shuyishe.com）为您提供后续服务。

配套资源

- ◆ 素材文件：书中实例的素材文件。
- ◆ 实例文件：书中实例的效果图文件。
- ◆ 在线教学视频：书中实例的制作过程和细节讲解。
- ◆ PPT 教学课件：全书内容课件，老师可以直接用于教学参考。

资源获取请扫码

"数艺设"社区平台，为艺术设计从业者提供专业的教育产品。

与我们联系

我们的联系邮箱是 szys@ptpress.com.cn。如果您对本书有任何疑问或建议，请您发邮件给我们，并请在邮件标题中注明本书书名及 ISBN，以便我们更高效地做出反馈。

如果您有兴趣出版图书、录制教学课程，或者参与技术审校等工作，可以发邮件给我们。如果学校、培训机构或企业想批量购买本书或"数艺设"出版的其他图书，也可以发邮件联系我们。

如果您在网上发现针对"数艺设"出品图书的各种形式的盗版行为，包括对图书全部或部分内容的非授权传播，请您将怀疑有侵权行为的链接通过邮件发给我们。您的这一举动是对作者权益的保护，也是我们持续为您提供有价值的内容的动力之源。

关于"数艺设"

人民邮电出版社有限公司旗下品牌"数艺设"，专注于专业艺术设计类图书出版，为艺术设计从业者提供专业的图书、视频电子书、课程等教育产品。出版领域涉及平面、三维、影视、摄影与后期等数字艺术门类，字体设计、品牌设计、色彩设计等设计理论与应用门类，UI 设计、电商设计、新媒体设计、游戏设计、交互设计、原型设计等互联网设计门类，环艺设计手绘、插画设计手绘、工业设计手绘等设计手绘门类。更多服务请访问"数艺设"社区平台 www.shuyishe.com。我们将提供及时、准确、专业的学习服务。

目录

淘宝美工
全能一本通

第1章

常用的
Photoshop
基本功能

1.1 Photoshop 的基础操作

在系统学习淘宝美工的工作内容前，先了解 Photoshop 2021 的工作环境，只有熟悉软件的特点及工作方式，才能更有效地使用软件。

1.1.1 Photoshop 工作界面组件

Adobe 对 Photoshop 2021 的工作界面进行了合理的划分，包含菜单栏、工具选项栏、选项卡、工具箱、文档窗口、操作面板和状态栏。灵活的操作面板，美观简洁的视觉体验，使软件更具专业特色，如图 1-1 所示。

图 1-1

1.1.2 新建文档

打开 Photoshop，要新建一个文件，可执行"文件 > 新建"命令或按快捷键 Ctrl+N。打开"新建文档"对话框，设置文件名称、尺寸、分辨率和颜色模式等，如图 1-2 所示。

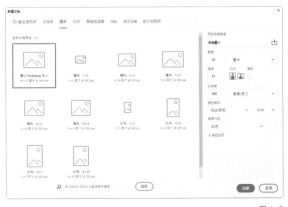

图 1-2

1.1.3 打开与置入文件

执行"文件 > 打开"命令，弹出"打开"对话框，如图 1-3 所示。选择需要的图像，单击"打开"按钮 打开(O) 。

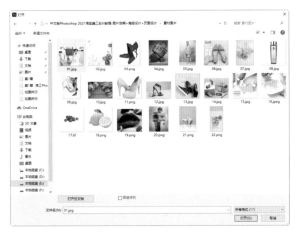

图 1-3

> **提示**
>
> 在 Photoshop 窗口中双击灰色的空白区域或按快捷键 Ctrl+O，同样可以弹出"打开"对话框。另外，直接将图像文件拖入 Photoshop 窗口中，也可打开图像文件。

有两种置入方式，一种是"置入嵌入对象"，另一种是"置入链接的智能对象"，两者各有特点。

1. 置入嵌入对象

❶ 打开或新建一个文件后，执行"文件 > 置入嵌入对象"命令，打开"置入嵌入的对象"对话框，如图 1-4 所示。

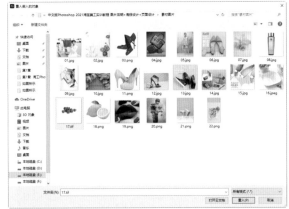

图 1-4

❷ 选择需要置入的图像，单击"置入"按钮 置入(P) ，即可在文件中置入图像，如图 1-5 所示。此时置入的图像会自动转换为智能对象，使用智能对象可以灵活地在

Photoshop 中以非破坏性方式编辑图像，在图像中双击或按 Enter 键确认变换。

图 1-5

③ 通过"置入嵌入对象"方式置入的图像，如果对置入的源图进行改变，保存图像以后，嵌入的图像保持之前置入时的效果不变，如图 1-6 所示。

改变源图的方向　　　　置入嵌入的图像

图 1-6

2. 置入链接的智能对象

① 打开或新建一个文件后，执行"文件 > 置入链接的智能对象"命令，打开"置入链接的对象"对话框，如图 1-7 所示。

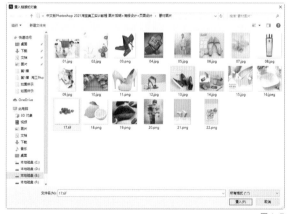

图 1-7

② 选择需要置入的图像，单击"置入"按钮 置入(P) ，即可在文件中置入图像，如图 1-8 所示。此时置入的图像自动转换为链接智能对象，在图像中双击或按 Enter 键确认变换。

③ "置入链接的智能对象"与"置入嵌入对象"的区别在于，前者当对置入的源图进行改变时，链接的图像也随之改变，如图 1-9 所示。

图 1-8

改变源图的方向　　　　置入链接的图像

图 1-9

1.1.4　存储文件

编辑好图像以后，需要对图像文件进行存储，执行"文件 > 存储"命令或按快捷键 Ctrl+S，即可保存当前文件。当该文件是第一次执行"存储"命令时，系统会自动打开图 1-10 所示的"保存在您的计算机上或保存到云文档"对话框，此时需要指定文件存储的位置，通常情况下保存到计算机上。单击"保存在您的计算机上"按钮 保存在您的计算机上 ，打开"另存为"对话框，如图 1-11 所示，在对话框中选择存储路径，单击"保存"按钮 保存(S) ，系统将以指定路径对图像进行存储。

> 提示
>
> 在编辑图像的过程中，为了防止意外情况发生，一般每 5~10 分钟按一次快捷键 Ctrl+S，对图像进行保存。如果要将文件存储为其他格式，或存储到其他位置，可以执行"文件 > 存储为"命令或按快捷键 Shift+Ctrl+S。

图 1-10

图 1-11

1.1.5　修改图像尺寸与画布大小

在编辑图像的过程中，可以拖曳图像对应的选项卡，将图像以浮动窗口的形式显示，如图 1-12 所示。

图 1-12

修改图像尺寸和修改画布大小，两者有所区别，下面将详细讲解。

1. 修改图像尺寸

修改图像的尺寸主要是改变图像的实际尺寸，如果将较小的图像尺寸改为较大的尺寸，放大到 100% 显示时图像会变得模糊不清。

执行"图像 > 图像大小"命令或按快捷键 Alt+Ctrl+I，或者直接在图像窗口选项卡上单击鼠标右键，在弹出的快捷菜单中选择"图像大小"命令，打开"图像大小"对话框，如图 1-13 所示。在该对话框中设置参数可以更改图像的尺寸。

图 1-13

"图像大小"对话框中有下列几个设置选项。

- **图像大小：** 主要显示当前图像文件的大小。

- **尺寸：** 显示当前图像的尺寸。单击尺寸下拉按钮 尺寸: ，可以选择图像的尺寸单位，其中包含百分比、像素、英寸、厘米、毫米、点和派卡。

- **调整为：** 在"调整为"下拉列表中，可以直接选择预设的尺寸。如果选择下拉列表中的"自动分辨率"选项，会弹出"自动分辨率"对话框，如图 1-14 所示，对其参数进行设置，单击"确定"按钮 确定 ，返回"图像大小"对话框，系统将自动修改分辨率，图像的像素尺寸得到改变。"自动分辨率"对话框中的"挂网"参数可设置打印所需的挂网频率和打印质量，而"品质"选项可按照需要选择不同的质量等级。

图 1-14

- **宽度和高度：** 用来设置图像的宽度和高度尺寸。"宽度"和"高度"的左侧有一个链接图标 ，表示此时宽度和高度被约束，任意调整其中一个参数，另一个也会随之改变，因此无论如何改变宽度与高度的参数，图像的长宽比例保持不变。单击链接图标 ，可以取消约束，此时更改其中一个参数，另一个参数将不会随之改变，因此改变后的图像会变形。

- **分辨率：** 可以设置图像的分辨率参数，当直接调整分辨率时，图像大小也会随之改变。

- **重新采样：** 取消勾选"重新采样"复选框 重新采样(S): ，此时宽度、高度和分辨率会被约束，任意调整其中一个参数，另外两个参数会随之改变。如图像要求分辨率达到 300 像素 / 英寸，此时可以运用此方法直接更改分辨率，更改分辨率后的图像质量不会受损。

2. 修改画布大小

修改画布大小是指修改当前图像所在画布的大小。放大画布不会改变原图的尺寸；缩小画布，会以指定的位置裁切图像的边缘。执行"图像 > 画布大小"命令或按快捷键 Alt+Ctrl+C，或直接在图像窗口选项卡上单击鼠标右键，在弹出的快捷菜单中选择"画布大小"命令，打开"画布大小"对话框，如图 1-15 所示。在该对话框中设置参数可以更改画布的尺寸。

"画布大小"对话框中有下列几个设置选项。

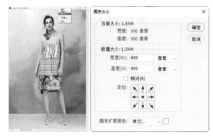

图 1-15

- **当前大小**：显示当前画布的实际大小。
- **新建大小**：用于调整画布的宽度和高度，默认为当前大小。
- **相对**：若勾选该复选框，则"新建大小"中的"宽度"和"高度"表示在原画布的基础上增加或减少的尺寸，正值为增大，负值为减小。
- **定位**：表示增加或减少画布尺寸时图像中心的位置，增加或减少的部分会由中心向外进行扩展或向内收缩。
- **画布扩展颜色**：在其下拉列表中选择扩展画布的颜色。默认为背景色。单击后面的色块□，打开"拾色器"对话框，可调整为任意色。

① 打开一个图像文件，执行"图像 > 画布大小"命令，打开"画布大小"对话框，可以观察当前画布大小，宽度为 600 像素，高度为 900 像素，勾选"相对"复选框，分别将"宽度"和"高度"扩展 100 像素，单击"确定"按钮 确定，该图像会以默认定位向 4 个方向进行扩展，如图 1-16 所示。

图 1-16

② 设置好扩展参数后，单击"定位"右上角的方向按钮 ↗，然后单击"确定"按钮 确定，画布将以右上为中心点向其他方向扩展，如图 1-17 所示。

③ 如果需要收缩画布，可以在"画布大小"对话框中设置"宽度"和"高度"为负数。但收缩画布后图像会被剪切，此时单击"确定"按钮 确定，将弹出警告对话框，单击"继续"按钮 继续(P)，画布完成收缩剪切，如图 1-18 所示。

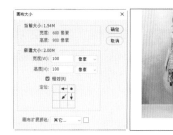

图 1-17

图 1-18

1.1.6　拷贝与自由变换

在使用 Photoshop 软件编辑图像的过程中，经常会用到拷贝图像或对图像进行缩放、旋转、扭曲、斜切、透视和变形等多种操作。拷贝与自由变换合并使用，可以完成等比例拷贝图像及等比例旋转拷贝图像等操作，能提高编辑图像的工作效率。

1. 拷贝图像

在 Photoshop 中拷贝图像的方法有很多种，不同的拷贝方法有各自的特点。

- **图像文件拷贝**：这种方法主要针对拷贝图像整体文件。执行"图像 > 复制"命令，或直接在图像窗口选项卡上单击鼠标右键，在弹出的快捷菜单中选择"复制"命令，打开"复制图像"对话框。此时可以在"为"文本框中输入名称，如图 1-19 所示，单击"确定"按钮 确定，完成复制图像操作。

图 1-19

- **图像图层拷贝**：这种方法主要针对图像的图层进行拷贝。执行"编辑 > 拷贝"命令或按快捷键 Ctrl+C，然后执行"编辑 > 粘贴"命令或按快捷键 Ctrl+V，可以完成拷贝图像操作，如图 1-20 所示。

图 1-20

执行"图层 > 新建 > 通过拷贝的图层"命令或按快捷键 Ctrl+J，可直接完成拷贝图像操作，如图 1-21 所示。这种方法运用比较广泛，也属于图像图层拷贝，优势在于方便快捷。

图 1-21

提示

通常情况下，为了提高工作效率，尽可能使用快捷键 Ctrl+J 完成拷贝图像操作。此操作也可以通过在"图层"面板中，直接拖曳图像图层到"创建新图层"按钮 上完成。

- **在图像文件之间拷贝**：此方法与"置入文件"相似，但置入的图像属于普通图层，与智能对象有所区别。在打开的两个图像文件中，选择"移动工具" ，拖曳图像到另一个图像文件中，可以完成拷贝图像操作，如图 1-22 所示。

图 1-22

2. 自由变换

Photoshop 中的自由变换命令有旋转、缩放、斜切、扭曲、透视和变形等，在编辑图像的时候经常会用到。

- **旋转图像**：执行"编辑 > 自由变换"命令或按快捷键 Ctrl+T，在图像中打开"自由变换"调节框，此时在调节框边缘外侧，当鼠标指针变为旋转状态 时，按住鼠标左键拖曳可以完成旋转图像操作，如图 1-23 所示。如果需要进行限定性的旋转，可以在调节框中单击鼠标右键，在弹出的快捷菜单中选择所需命令，同时还可以在选项栏中设置"旋转"度数 ，对图像进行限定旋转。完成旋转图像操作以后，在调节框中双击或者按 Enter 键确认。

图 1-23

- **缩放图像**：在图像中按快捷键 Ctrl+T，打开"自由变换"调节框，将鼠标指针移动到调节框的控制点上，鼠标指针变为缩放状态 ，此时按住鼠标左键拖曳，可以缩放图像，如图 1-24 所示。如果需要从四周向中心缩放图像，可以按住 Alt 键拖曳控制点。

图 1-24

- **斜切图像**：在图像中按快捷键 Ctrl+T，打开"自由变换"调节框，在调节框中单击鼠标右键，在弹出的快捷菜单中选择"斜切"命令，拖曳控制点，可以对图像进行斜切操作，如图 1-25 所示。

图 1-25

其他操作同理，读者可自行尝试变换效果。

3. 等比例拷贝图像

等比例拷贝图像主要是将拷贝图像图层与自由变换合并使用，可以将其运用在等比例移动拷贝图像操作上，也可以运用到其他变换拷贝图像操作上。

● 移动拷贝图像：按快捷键 Ctrl+Alt+T，打开"自由变换"调节框，当移动调节框中的图像时，会自动拷贝图像图层，如图 1-26 所示，按 Enter 键确认移动拷贝图像。按快捷键 Ctrl+Alt+Shift+T，重复前一次的移动拷贝图像操作，可以完成等比例拷贝图像操作，如图 1-27 所示。

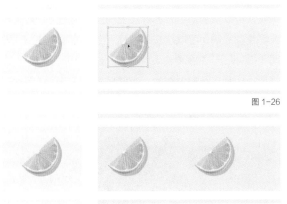

图 1-26

图 1-27

● 等比例移动缩小拷贝图像：按快捷键 Ctrl+Alt+T，打开"自由变换"调节框，移动并缩小调节框中的图像，完成移动缩小拷贝操作，如图 1-28 所示，按 Enter 键确认。按快捷键 Ctrl+Alt+Shift+T，重复前一次的移动缩小拷贝图像操作，等比例移动缩小拷贝图像的效果如图 1-29 所示。

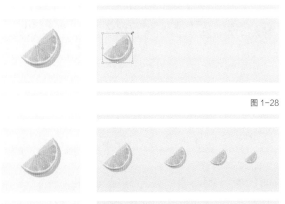

图 1-28

图 1-29

● 等比例旋转拷贝图像：按快捷键 Ctrl+Alt+T，打开"自由变换"调节框，按住 Alt 键，并在文档窗口中单击，确定旋转拷贝图像的中心点位置，在调节框边缘外

侧，当鼠标指针变为旋转状态↻时拖曳，会围绕中心点位置旋转拷贝图像，如图 1-30 所示，按 Enter 键确认旋转拷贝图像。按快捷键 Ctrl+Alt+Shift+T，重复前一次的旋转拷贝图像操作，等比例旋转拷贝图像的效果如图 1-31 所示。

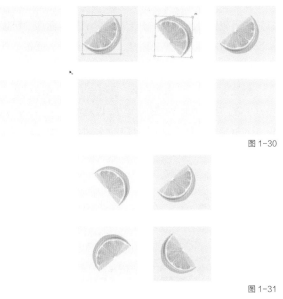

图 1-30

图 1-31

1.1.7 还原 / 恢复 / 历史记录

还原、恢复文件是指在编辑图像的过程中，将编辑过的文件复原到某种状态。编辑图像时，每进行一步操作，都会记录在"历史记录"面板中。

1. 还原操作

还原是指将图像文件还原到上一步的操作。如果需要还原到上一步操作，可以执行"编辑 > 还原"命令或按快捷键 Ctrl+Z。执行还原操作后，"编辑"菜单中的"重做"命令会从灰色变为可执行状态，执行该命令或按快捷键 Ctrl+Shift+Z 可重新执行被还原的操作。

> **提示**
>
> "还原"命令会根据最后一步操作而命名，如案例中最后一步是对图像进行了"自由变换"操作，此时"还原"命令的名称会变为"还原自由变换"。"重做"命令的名称与之相同。

当需要还原几个步骤时，可以连续按快捷键 Ctrl+Z。连续按快捷键 Ctrl+Shift+Z，可依次重新执行被还原的操作。

2. 恢复操作

恢复是指将图像文件恢复到最后一次存储时的状态。如果用户对当前操作的效果不满意，希望放弃当前的操

作并恢复到最后一次存储时的状态，可以执行"文件 >
恢复"命令，或按 F12 键。

3. 历史记录

在菜单栏中单击"窗口"菜单，勾选"历史记录"，
或者直接在操作面板中单击"历史画笔"按钮，可以
打开"历史记录"面板。使用"历史记录"面板，可以
实现更为直观的还原恢复操作。"历史记录"面板会在
执行操作的时候自动记录每一步操作。

默认情况下，"历史记录"面板会罗列出最近 50 个
操作步骤，更早的就被自动删除了，以释放内存。执行"编
辑 > 首选项 > 性能"命令，打开"首选项"对话框，如
图 1-32 所示，在"历史记录状态"文本框中输入新的参数，
即可改变历史记录步数。

图 1-32

1.1.8　标尺与参考线

标尺与参考线属于辅助工具，在设计店铺页面的过
程中，如要了解板块和图像的具体尺寸或需要知道当前
位置的具体数值，经常会用到标尺与参考线。参考线主
要用于板块的准确划分，图像的整齐排列，以及最后图
像切片的准确分割。

1. 标尺

按快捷键 Ctrl+R，文档窗口会出现标尺，如图 1-33
所示；再次按快捷键 Ctrl+R，则会隐藏标尺。

执行"编辑 > 首选项 > 单位与标尺"命令，打开"首
选项"对话框，在对话框中可以设置标尺的数值单位，
或者在标尺上单击鼠标右键，在弹出的快捷菜单中选择
需要的数值单位。

图 1-33

2. 参考线

参考线以浮动的状态显示在图像上方，并且在输出
和打印图像时，参考线不会显示。

直接拖曳标尺可快速建立参考线。如果需要水平参
考线，可以从窗口上方的标尺上向图像中拖曳；如果需
要垂直参考线，可以从左边的标尺上向图像中拖曳，如
图 1-34 所示。如果要移动参考线，选择"移动工具"，
将鼠标指针放在参考线上，当鼠标指针变成可调节状态
时，拖曳参考线可自由移动。如果需要删除参考线，
可将参考线拖曳到画布之外。

图 1-34

> **提示**
>
> 执行"视图 > 显示额外内容"命令或按快捷键 Ctrl+H，可以隐藏
> 或显示参考线。
>
> 执行"视图 > 锁定参考线"命令或按快捷键 Alt+Ctrl+;，参考线不
> 能被移动或删除。
>
> 执行"视图 > 对齐到 > 参考线"命令，在调整图像位置时，图像
> 会自动贴附于参考线。
>
> 执行"视图 > 清除参考线"命令，可以删除所有的参考线。

执行"视图 > 新建参考线"命令，打开"新建参考线"
对话框，在该对话框中选择"水平"或"垂直"选项，在"位
置"文本框中设置准确的参考线位置，如图 1-35 所示，
可以创建位置准确的参考线。

默认的参考线颜色为青色，在某些图像中看不清楚时，可以修改颜色。执行"编辑 > 首选项 > 参考线、网格和切片"命令，打开"首选项"对话框，如图1-36所示。在"参考线"设置栏的"颜色"下拉列表中选择预设的颜色，也可单击右侧的色块打开"拾色器（参考线颜色）"对话框，设置任意颜色，在"样式"下拉列表中可以选择参考线的样式。

图1-35

图1-36

1.2　常用的抠图功能

淘宝美工经常会对图像进行一系列的选取和处理，其中抠取图像是必须掌握的一个重要技能。抠取图像主要是建立精准的选区，下面对常用的抠图功能进行介绍。

1.2.1　选框工具组

按住选框工具，或单击鼠标右键，可以打开选框工具下拉列表，其中罗列了4种工具，分别为"矩形选框工具" 、"椭圆选框工具" 、"单行选框工具" 和"单列选框工具" ，如图1-37所示。此类工具主要用于建立规则的几何形状选区。

图1-37

选择选框工具组中的某一个工具时，该工具会在选项栏中显示，选项栏如图1-38所示。

图1-38

选框工具选项栏的相关设置如下。

- **工具选项**：工具选项 中主要显示当前选择的工具。

- **选区运算方式**：主要用于控制建立选区的方式。"新选区"按钮 ，用于建立新的选区；"添加到选区"按钮 ，用于在已有的选区上添加新选区，通常称为"加选"；"从选区减去"按钮 ，表示从已有的选区中减去绘制

的选区，通常称为"减选"；"与选区交叉"按钮 ，是选择已有选区与新建选区的相交部分。

- **羽化选项**：用于设置新建选区的羽化程度。

- **消除锯齿**：消除选区边缘的锯齿。

- **样式选项**：选择选区的创建类型。选择"正常"时，选区的大小由鼠标控制；选择"固定比例"时，选区比例只能按照设置好的"宽度"和"高度"比例创建，大小由鼠标控制；选择"固定大小"时，选区只能按设置的"宽度"和"高度"值来创建。

1. 矩形选框工具

选择"矩形选框工具" ，在文档窗口中按住鼠标左键拖曳，可以创建矩形选区；按住Shift键拖曳鼠标，创建的是正方形选区，如图1-39所示。

图1-39

2. 椭圆选框工具

选择"椭圆选框工具" ○,在图像窗口中按住鼠标左键拖曳,可以创建椭圆选区;按住 Shift 键拖曳鼠标,创建的是圆形选区,如图 1-40 所示。

图 1-40

> 提示
>
> 创建选区时,如果按住 Alt 键,可以创建以单击处为中心点的选区;如果再按住 Shift 键,可以创建以单击处为中心点的正方形或圆形选区。

3. 单行选框工具

选择"单行选框工具" ═,在文档窗口中单击,可以创建高度为 1 像素的单行选区,如图 1-41 所示。

4. 单列选框工具

选择"单列选框工具" ╏,同样在文档窗口中单击,可以创建宽度为 1 像素的单列选区,如图 1-42 所示。

图 1-41　　　　　　图 1-42

1.2.2　套索工具组

该工具组包含"套索工具" ○、"多边形套索工具" ▽ 和"磁性套索工具" ▽,如图 1-43 所示。运用套索工具可以建立不规则选区,每个工具都有其各自的特点。

图 1-43

1. 套索工具

"套索工具" ○.具有自由绘制的特点。沿着需要选择的区域拖曳鼠标绘制选区,选区的形状由鼠标控制,绘制完成后,松开鼠标,会自动形成闭合的选区,如图 1-44 所示。

图 1-44

2. 多边形套索工具

"多边形套索工具" ▽ 可以用来绘制多边形选区,它是通过绘制点和直线构成选区,单击起始点,移动鼠标拖出一条直线,再次单击为线段末端,以此类推,通过多个点和直线创建选区,当末端与起始点重合时,单击则完成选区的创建,或在起始点与末端未重合时,双击自动形成封闭选区,如图 1-45 所示。

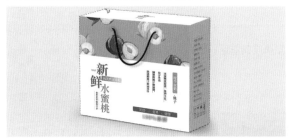

图 1-45

> 提示
>
> 在使用"多边形套索工具"创建选区的过程中,如果发现某个点需要重新创建,可以按 Backspace 键或 Delete 键,依次删除创建的点。如果按 Esc 键,则会退出本次未完成的选区创建。

3. 磁性套索工具

"磁性套索工具" ▽.具有自动捕捉图像边缘的特点,该工具主要用于边缘对比强烈的图像,可以在图像的边缘单击,创建起始锚点,然后沿着图像边缘移动鼠标,"磁性套索工具" ▽ 将自动捕捉图像的边缘,为边缘创建锚点和线条,当回到起始锚点时,单击完成封闭选区的创建,或在未到起始锚点时,双击自动形成封闭选区,如图 1-46 所示。

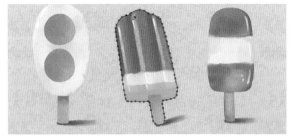

图 1-46

通过在"磁性套索工具"🏃的选项栏中进行设置，可以对图像边缘进行精准捕捉，工具选项栏如图 1-47 所示。

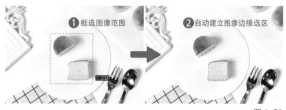

图 1-47

- **宽度：**该参数可以控制选取时所能捕捉到的边缘宽度。该数值越小，范围越小。

- **对比度：**该参数表示选取时，捕捉边缘的色彩对比强度。

- **频率：**该参数表示选取时，创建锚点的数量。

- **☑按钮：**使用绘图板压力以更改钢笔宽度。

> **提示**
>
> 在使用"磁性套索工具"🏃创建选区的过程中，如果自动建立的锚点未能正确捕捉到图像边缘，可以按 Backspace 键或 Delete 键依次删除创建的锚点，然后重新进行锚点捕捉，或者在图像的边缘处单击，手动添加锚点。如果按 Esc 键，则会退出本次未完成的选区创建。

1.2.3　对象选择工具组

合理运用"对象选择工具"🔲、"快速选择工具"☑和"魔棒工具"🖌可以快速精准地选取图像，如图 1-48 所示。

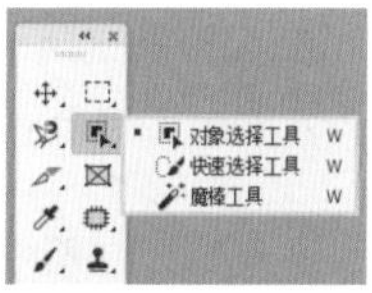

图 1-48

1. 对象选择工具

"对象选择工具"🔲有两种选择模式，一种是通过"矩形"模式框选图像范围，另一种是通过"套索"模式绘制图像范围。该工具会通过选择的范围自动捕捉图像边缘，建立图像边缘选区。"对象选择工具"🔲的选项栏如图 1-49 所示。

图 1-49

- **模式：**根据图像的不同，可以通过"模式"下拉列表中的"矩形"和"套索"两种模式框选图像范围。

- **对所有图层取样：**勾选该复选框，可以忽略图层的限制，系统会自动将多个图层看作同一图层进行捕捉。

- **增强边缘：**勾选该复选框，会自动增强对图像边缘的识别。

- **减去对象：**该复选框默认为勾选状态，可以在选取对象的选区中框选不需要的部分，系统将根据框选范围

进行自动分析，减选不属于对象的选区。

选择"对象选择工具"🔲，在选项栏中"模式"选项默认是"矩形"，在图像中拖曳鼠标，框选出需要选取的范围，松开鼠标，系统会自动对框选的范围进行捕捉，建立图像的边缘选区，如图 1-50 所示。

❶框选图像范围　❷自动建立图像边缘选区

图 1-50

如果在选项栏中设置"模式"选项为"套索"，可以在文档窗口中按住鼠标左键，沿着所要选取的图像边缘拖曳，松开鼠标，系统自动对选取的范围进行捕捉，建立图像的边缘选区，如图 1-51 所示。

❶绘制图像范围　❷自动建立图像边缘选区

图 1-51

2. 快速选择工具

"快速选择工具"☑的主要特点是通过画笔涂抹的方式创建选区，其选项栏如图 1-52 所示。

图 1-52

- **选区的运算方式：**其中有 3 个按钮，分别为"新选区"☑、"添加到选区"☑和"从选区中减去"☑。

- **画笔选项：**单击画笔选项的按钮☑，可打开画笔面板，在此可以设置有关画笔的各项属性，设置不同，得到的效果就不同。

- **画笔角度：**在画笔角度文本框☑中，可以设置画笔的角度。该参数的取值范围为 -180°~180°。

- **对所有图层取样：**勾选该复选框，可以忽略图层的限制，系统会自动将多个图层看作同一图层进行选取。

- **增强边缘：**勾选该复选框，会自动增强对图像边缘的识别。

选择工具箱中的"快速选择工具"☑，在窗口中对需要选择的图像区域进行涂抹，得到的选区如图 1-53 所示。

图 1-53

3. 魔棒工具

"魔棒工具" ⚡ 主要用于选择图像中颜色相近的区域，其选项栏如图 1-54 所示。

图 1-54

- 取样大小：单击该选项的按钮 取样点 ⌄ ，在下拉列表中可以选择取样点像素的大小。

- 容差：控制检测颜色的范围，数值越大，能检测的色域越广；数值越小，能检测的颜色越接近。

- 消除锯齿：勾选该复选框，表示选取的图像选区边缘会自动变平滑。

- 连续：勾选该复选框，只对单击部分相连的图像进行选取；反之，则会选择整个图像中符合设置的图像。

- 对所有图层取样：勾选该复选框，可以忽略图层的限制，系统自动将多个图层看作同一图层进行选取。

选择工具箱中的"魔棒工具" ⚡ ，在图像中单击，选取颜色相近的图像，如图 1-55 所示。

图 1-55

1.2.4　背景橡皮擦工具

"背景橡皮擦工具" ⚟ 可以快速擦除图像的背景，该工具主要根据取样的颜色对图像中相近的颜色进行擦除，将背景图像擦除至透明，其选项栏如图 1-56 所示。

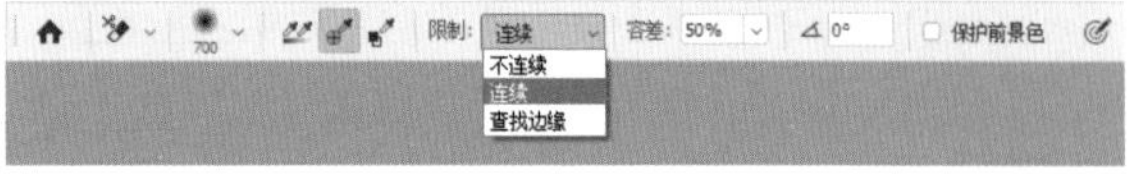

图 1-56

- 画笔选项：单击画笔选项的按钮 ⚫ ，打开画笔面板，在此可以设置有关画笔的各项属性。

- 连续：单击"取样：连续"按钮 ⚟ ，当鼠标指针在图像中的不同颜色区域移动时，工具箱中的背景色也将相应地发生变化，并不断地取样。

- 一次：单击"取样：一次"按钮 ⚟ ，按住鼠标左键拖曳鼠标擦除图像，将起始位置的像素颜色作为取样颜色，擦除与取样颜色相近的颜色像素。再次拖曳会重新取样。

- 背景色板：单击"取样：背景色板"按钮 ⚟ ，将背景色作为取样颜色，只擦除操作范围中与背景色相同或相似的颜色，可以通过更改工具箱下方的背景色设置需要擦除的图像背景颜色。

- 限制：在其下拉列表中可以设置擦除边界的连续性，其中包括"不连续""连续""查找边缘"3个选项。

- 容差：设置擦除图像的容差范围。

- 画笔角度：在画笔角度文本框 △ 中，可以设置画笔的角度。该参数的取值范围为 −180°～180°。

- 保护前景色：勾选该复选框，将图像中不需要被擦除的颜色设置为前景色，则设置的颜色将不被擦除。

选择工具箱中的"背景橡皮擦工具" ⚟ ，单击选项栏中的"取样：一次"按钮 ⚟ ，在图像中的背景区域拖曳鼠标进行擦除，效果如图 1-57 所示。

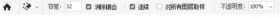

图 1-57

1.2.5　魔术橡皮擦工具

"魔术橡皮擦工具" ⚟ 同样可以用于擦除图像的背景，将背景图像擦除至透明，它的主要原理与"魔棒工具"相似，可以擦除图像中相似的颜色，其选项栏如图 1-58 所示。

图 1-58

- **容差：** 设置擦除图像的颜色范围。

- **消除锯齿：** 勾选该复选框，可以使擦除区域的边缘更加平滑。

- **连续：** 勾选该复选框时，只擦除与选择区域中颜色邻近的部分；取消勾选时，会擦除图像中所有颜色相似的区域。

- **对所有图层取样：** 勾选时，可以利用所有可见图层中的组合数据来采集色样；取消勾选时，只采集当前图层的颜色信息。

- **不透明度：** 通过设置该参数，可以调整擦除背景图像的不透明程度。

选择"魔术橡皮擦工具" ，在商品图像的背景区域单击，可以快速擦除图像背景，如果有未连续选择的区域，可以再次单击，擦除背景图像的效果如图 1-59 所示。

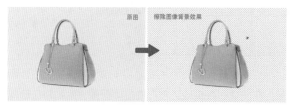

图1-59

1.2.6　钢笔工具

"钢笔工具" 主要通过绘制路径进行选取，沿着图像的边缘绘制路径，然后将路径转换为选区，可以精细地抠取出所需要的图像，其选项栏如图 1-60 所示。

图1-60

- **选择工具模式：** 在"选择工具模式"下拉列表中，可以选择绘制的方式为"路径"或"形状"。通常情况下，抠取图像时会选择"路径"选项。

- **建立：** 有"选区""蒙版""形状"3 个按钮。在抠取图像时，要将路径转换为选区，可以单击"选区"按钮 ，打开"建立选区"对话框，如图 1-61 所示。在对话框中可以直接设置选区的"羽化半径"参数，但通常情况下不用设置，单击"确定"按钮 ，即可将路径转换为选区。

图1-61

- **路径操作：** 在"路径操作" 下拉列表中，可以根据需要选择"合并形状" 、"减去顶层形状" 、"与

形状区域相交" 和"排除重叠形状" 选项。

- **路径对齐方式：** 在"路径对齐方式" 下拉列表中，可以通过列表中的按钮调整路径对齐的方式。

- **路径排列方式：** 在"路径排列方式" 下拉列表中，可以调整当前选择路径的层次。

- **路径选项：** 单击"设置其他钢笔和路径选项"按钮 ，可以打开"路径选项"面板，如图 1-62 所示。在面板中可以设置路径的"粗细"和"颜色"。如果勾选"像皮带"复选框，绘制路径时会出现一条虚拟的辅助线段，该线段会跟随鼠标指针移动。

图1-62

- **自动添加/删除：** 勾选该复选框，在创建路径的过程中，鼠标指针会自动切换添加或删除锚点。

① 选择"钢笔工具" ，在图像的边缘单击，建立路径起始锚点。沿着图像边缘建立第 2 个锚点时，需要按住鼠标左键拖曳，此时可以拖出锚点的控制柄，否则建立的将是直线路径。按住 Ctrl 键，切换到"直接选择工具" ，对锚点的控制柄进行调整，使路径的弧线贴合选择图像的边缘，如图 1-63 所示。

② 松开 Ctrl 键，自动切换回"钢笔工具" ，运用同样的方法，沿着选择图像的边缘绘制路径，在起始锚点上单击，此时绘制的路径呈闭合状态，如图 1-64 所示。

图1-63

图1-64

③ 绘制好路径后，单击选项栏中的"选区"按钮 ，或者按快捷键 Ctrl+Enter，将绘制的路径转换为选区，如图 1-65 所示。

图1-65

1.2.7　选择并遮住

"选择并遮住"功能主要用于抠取动物皮毛、毛绒玩具商品等边缘为毛发类的图像，它可以快速选取图像，避免漏选过多的毛发，能使抠取的动物皮毛更自然、精细。打开图像后，在工具箱中选择选框工具，如"矩形选框工具" ，在选项栏中单击"选择并遮住"按钮 选择并遮住…，打开"选择并遮住"的操作界面，如图 1-66 所示。

图 1-66

"选择并遮住"的操作界面为抠取图像提供了几种方便快选的工具和"属性"面板，如"快速选择工具" 、"调整边缘画笔工具" 、"画笔工具" 、"对象选择工具" 、"套索工具" 、"抓手工具" 和"缩放工具" 。选项栏中提供了快速选择按钮，分别是"选择主体"按钮 选择主体 和"调整细线"按钮 调整细线 。"属性"面板中有 5 个功能区，分别是"视图模式""调整模式""边缘检测""全局调整""输出设置"。

1. 快速选择工具

"快速选择工具" 主要用于快速绘制选区。在图像中涂抹需要选择的部分，系统将自动沿着图像的边缘绘制边界，如图 1-67 所示。

图 1-67

2. 调整边缘画笔工具

"调整边缘画笔工具" 主要用于对主体图像杂乱的边缘进行筛选。涂抹图像主体物的边缘部分，系统将自动根据图像色调明暗分辨出主体物和背景图像，从而完成快速抠图，如图 1-68 所示。

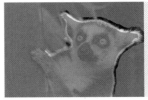

图 1-68

3. 画笔工具

"画笔工具" 主要用于手动选择需要的区域，同时可以根据需要设置画笔的大小、硬度、间距、角度和圆度等，如图 1-69 所示。

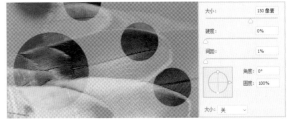

图 1-69

4. 对象选择工具

"对象选择工具" 主要用于快速地选择出主体图像。在图像中直接框选需要的主体图像，系统将自动捕捉图像的边缘进行选取，如图 1-70 所示。

图 1-70

5. 套索工具

"套索工具" 可以在图像中绘制图像的主体轮廓。单击选项栏上的"添加选区"按钮 、"减选选区"按钮 或"交叉选区"按钮 ，可以在图像中选择需要的部分，如图 1-71 所示。

图 1-71

6. 抓手工具和缩放工具

"抓手工具" 主要用于在图像放大后移动图像的位置，方便选择图像的细节部分。"缩放工具" 主要用于对图像进行放大或缩小操作，便于观察图像的细微变化，如图 1-72 所示。

图 1-72

7. 选择主体和调整细线

选项栏中的"选择主体"按钮 选择主体 和"调整细线"按钮 调整细线 主要用于快速选择背景比较简单的毛绒图像。单击"选择主体"按钮 选择主体，系统将自动选取图像的主体，如果选取的毛绒边缘不太理想，可以单击"调整细线"按钮 调整细线，对图像的边缘进行自动选取，如图 1-73 所示。

图 1-73

8. 视图模式

可以在"视图"下拉列表中选择视图模式，以便于观察图像并进行选择。勾选"显示边缘"复选框，可以显示出运用"调整边缘画笔工具" ✎ 绘制的边缘部分；勾选"显示原稿"复选框，则显示原始图像；勾选"实时调整"复选框，在选择图像的过程中可以实时显示选取效果；勾选"高品质预览"复选框，可以显示绘制过程中高分辨率的预览；通过设置"透明度"，可以调节图像与选择区域的透明度，如图 1-74 所示。

图 1-74

在"预设"下拉列表中，可以通过"载入预设""存储预设""删除预设"选项对当前的设置进行载入、存储和删除操作，如图 1-75 所示。如果勾选"记住设置"复选框，可以存储当前"属性"面板中的设置参数，当再次打开"选择并遮住"操作界面时，设置参数将保留上一次的参数不变。

图 1-75

9. 调整模式

"调整模式"中有"颜色识别"和"对象识别"两个选项，如图 1-76 所示。在对简单或对比鲜明的图像进行选取时，可以选择"颜色识别"；如果图像的背景比较复杂，可以选择"对象识别"。

图 1-76

10. 边缘检测

在"边缘检测"中，拖曳"半径"的滑块，可以调节图像边缘的锐化度和虚化度，如图 1-77 所示。如果设置"半径"为50像素，则边缘虚化为统一的50像素。勾选"智能半径"复选框，此时系统将根据图像的边缘自动调节锐化度和虚化度，让边缘明确的区域半径值小一点，毛发多的不明确区域半径值大一点，可以更精确地抠取出主体图像。

图 1-77

11. 全局调整

"全局调整"主要对绘制区域的边缘进行调节，如图 1-78 所示。设置"平滑"参数，可以调节生硬的边缘。使用"套索工具" ⌘ 绘制的边缘硬度最为明显，通过调节"平滑"参数可以让绘制的边缘变得更加平滑。

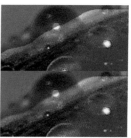

图 1-78

"羽化"主要用于模糊选择区域的边缘，使选择的图像边缘更虚化，如图1-79所示。通过拖曳滑块可以设置参数值，"羽化"参数值越大，则边缘虚化度越大。

图1-79

"对比度"和"羽化"选项的作用相反，此选项可以锐化模糊的边缘，如图1-80所示。参数值设置得越大，锐化度越大。

图1-80

"移动边缘"可通过设置参数值，使边缘向内收缩或向外扩展，它能有效去除边缘的背景颜色，如图1-81所示。

图1-81

单击"清除选区"按钮 清除选区 ，可以取消选择全部区域；单击"反相"按钮 反相 ，可以反转选择区域，如图1-82所示。

图1-82

12. 输出设置

"输出设置"主要用于设置抠取图像后，图像所呈现的状态，如转换成选区、图层蒙版、新建图层或新建带有图层蒙版的图层等，如图1-83所示。勾选"净化颜色"复选框，可将边缘的颜色更改为与主体物相近的边缘颜色，以达到去除背景边缘色的目的，可以通过拖曳滑块设置参数。

图1-83

1.2.8 色彩范围

"色彩范围"命令位于"选择"菜单中，主要通过在图像中指定颜色来定义选区，并可通过指定其他颜色来增加或减少活动选区。在默认情况下，"色彩范围"对话框中的选区部分呈白色。"色彩范围"对话框如图1-84所示。

图1-84

- **选择**：在下拉列表中可以直接选择所需要的颜色范围。

- **本地化颜色簇**：勾选该复选框，表示在图像中选取"范围"以内的相同颜色区域。

- **检测人脸**：勾选该复选框，可以更准确地选取人物的面部和肤色。

- **颜色容差**：拖曳滑块，可以调节颜色选择范围。

- **范围**：拖曳滑块，可以调节选择的图像范围。

- **选择范围**：在预览窗口内显示选区状态，白色为被选择的区域，黑色代表未被选择的区域，灰色代表被部分选择的区域。

- **图像**：在预览窗口内显示当前图像的状态。

- **选区预览**：在下拉列表中可选择选区的预览方式。

- **吸管工具**：包括"吸管工具" 🖋、"添加到取样" 🖋和"从取样中减去" 🖋 3 个按钮，用于颜色取样。

- **反相**：勾选该复选框，可以在选取与未选取的图像之间转换。

1.2.9　焦点区域

"焦点区域"命令位于"选择"菜单中，主要对一些色彩突出的图像进行快速选取，该命令可以智能选取图像，也可以通过手动的方式进行选取。"焦点区域"对话框如图 1-85 所示。

图 1-85

- **缩放工具** 🔍：可以在打开对话框的状态下对图像进行放大或缩小操作，便于观察图像的细微变化。

- **抓手工具** ✋：可以在打开对话框的状态下对放大后的图像进行移动，方便选择图像的细节部分。

- **焦点区域添加工具** 🖌：手动添加未选择的图像区域。

- **焦点区域减去工具** 🖌：手动减去选择的图像区域。

- **视图模式**：在"视图"下拉列表中可以选择视图模式，便于观察并选择图像。

- **焦点对准范围**：拖曳滑块，可以调节图像的焦点范围，也可以勾选"自动"复选框，自动选取焦点图像。

- **图像杂色级别**：拖曳滑块，可以调节图像的杂色范围，也可以勾选"自动"复选框，自动选取杂色图像。

- **输出到**：在下拉列表中可以选择图像的输出方式，如图层蒙版和新建图层等。

- **柔化边缘**：勾选该复选框，可以柔化图像的边缘。

- **选择并遮住** 选择并遮住... ：单击该按钮，可以保持现有选取的图像进入"选择并遮住"操作界面。

1.2.10　主体

"主体"命令可以快速地选取主体图像。打开一幅模特图像，执行"选择 > 主体"命令，将自动选取出图像中的主体人物，如图 1-86 所示。

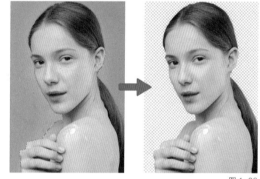

图 1-86

1.2.11　天空

"天空"命令主要用于快速选取风景图片中的天空区域。打开一幅风景图片，执行"选择 > 天空"命令，将自动选出图片中的天空部分，效果如图 1-87 所示。

图 1-87

1.2.12 通道

通道对很多初学者来说都是一个难点，尽管很多图书对通道的介绍层出不穷，但是由于通道的灵活性，还是让很多读者感到困惑。那么，通道究竟是什么呢？可以很简单地理解成通道就是一种选区。无论通道有多少种表示选区的方法，它终归还是选区。

1. 通道的作用

通道能记录图像的大部分信息，其作用大致有以下3种。

（1）记录选择的区域。在"通道"面板中，每个通道都是一个8位的灰度图像，如图1-88所示。其中，白色的部分表示所选的区域，如果按住Ctrl键单击"通道"的缩览图，则可以载入图像中白色区域的选区。

（2）记录不透明度。通道中黑色部分表示透明，白色部分表示不透明，灰色部分表示半透明。

（3）记录亮度。通道是以256级灰阶来表示不同的亮度，灰色程度越大，亮度越低。

图1-88

2. 通道的分类

Photoshop中有4种通道类型。

（1）复合通道可同时预览并编辑所有颜色通道。

（2）颜色通道把图像分解成一个或多个色彩成分，图像的模式决定了颜色通道的数量，RGB模式有3个颜色通道，CMYK模式有4个颜色通道，灰度模式只有1个颜色通道。

（3）专色通道是一种特殊的颜色通道，它可以使用除了青色、洋红、黄色和黑色以外的颜色来指定油墨印刷的附加印版。

（4）Alpha通道基本的用处在于可将选择范围存储为8位灰度图像，并且不会影响图像的显示和印刷效果。

例如，RGB颜色模式的图像有3个默认的颜色通道，分别为红（R）、绿（G）和蓝（B），在该"通道"面板中可以添加专色通道和Alpha通道，如图1-89所示。

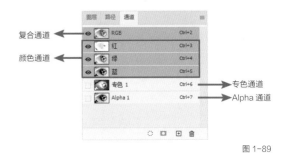

图1-89

> **提示**
>
> 只有以支持图像颜色模式的格式（如PSD、PDF、PICT、TIFF或RAW等）存储文件时才能保留Alpha通道。以其他格式存储文件会导致通道信息丢失。

3. "通道"面板的基本操作

在"通道"面板中，可以对图像的颜色通道进行复制、分离、合并等基本操作，单击通道对应的眼睛图标，可以显示或隐藏当前通道。按住Shift键单击"通道"面板中的通道，可以同时选中多个通道。"通道"面板的各功能和基本操作如图1-90所示。

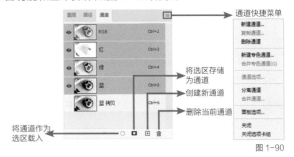

图1-90

● **将通道作为选区载入** ○：单击该按钮，可以将通道的内容以选区的方式表现，即将通道转换为选区。

● **将选区存储为通道** ▯：单击该按钮，可将图像中的选区存储为一个新的Alpha通道。执行"选择>存储选区"命令，可以达到相同的目的。

● **创建新通道** ▯：将通道拖曳到"创建新通道"按钮▯上，可以复制当前通道。

● **删除当前通道** 🗑：单击该按钮，可以删除当前选择的通道。将通道拖曳到该按钮上释放，也可将其删除。

● **通道快捷菜单** ≡：单击该按钮，可以打开快捷菜单，在快捷菜单中可以实现新建通道、复制通道、删除通道、新建专色通道、合并专色通道、分离通道和合并通道等基本操作。

1.3 合成特效常用技法

合成特效在商业广告中的应用非常广泛，本节主要讲解合成特效常用的技法。

1.3.1 移动工具合成

"移动工具" ⊕ 主要用于调整图像的位置，或者将多种商品图像进行组合展示，常用的合成技法是将商品图像移动到广告中，进行组合展示。

在 Photoshop 中打开已抠好的商品图片和广告背景，如图 1-91 所示。选择"移动工具" ⊕，将商品图像拖曳到广告背景中，并且调整好商品图像的位置，如图 1-92 所示。

图 1-91

图 1-92

1.3.2 橡皮擦工具合成

"橡皮擦工具" ⊘ 可以擦除当前图像中的像素。选择"橡皮擦工具" ⊘，按住鼠标左键拖曳，所经过区域的像素将被擦除。若操作的图层为背景图层，擦除的区域将被背景色填充。

在制作海报背景时，橡皮擦工具合成运用得非常广泛，利用"柔边圆"画笔样式，使图像与图像之间无缝衔接，让整体效果完美融合。

下面使用橡皮擦工具合成制作七夕活动海报。

❶ 在 Photoshop 中打开 4 幅素材图片，分别为 1~4 号图像，如图 1-93 所示。

❷ 选择"移动工具" ⊕，将 2 号图像拖曳到 1 号图像中。选择"橡皮擦工具" ⊘，在选项栏中单击"画笔预设"下拉按钮 ▾，在其选项中选择"柔边圆"画笔样式，设置"大小"为 800 像素，在图像中涂抹 2 号图像的边缘，

擦除图像进行合成，如图 1-94 所示。

图 1-93

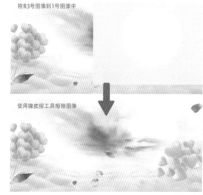

图 1-94

❸ 选择"移动工具" ⊕，将 3 号图像拖曳到 1 号图像中，选择"橡皮擦工具" ⊘，在图像中按 [键或] 键，根据需要调整橡皮擦工具的大小，擦除图像进行合成，如图 1-95 所示。

拖曳3号图像到1号图像中

使用橡皮擦工具擦除图像

图 1-95

❹ 选择"移动工具" ⊕，将主题文字 4 号图像拖曳到 1 号图像中，完成七夕活动海报的制作，如图 1-96 所示。

图 1-96

1.3.3　自由变换合成

自由变换合成主要通过对图像的大小、旋转角度、透视角度等进行调整，从而达到商品图像组合展示的效果。

下面使用自由变换合成制作草莓冰淇淋海报。

❶ 在 Photoshop 中打开 3 幅素材图片，分别为 1~3 号图像，如图 1-97 所示。

图 1-97

❷ 选择"移动工具" ⊕.，将 2 号图像拖曳到 1 号图像中，按快捷键 Ctrl+T，打开"自由变换"调节框，拖曳调节框的控制点，调整图像的大小和位置，如图 1-98 所示，按 Enter 键确认变换。

图 1-98

❸ 选择"多边形套索工具" ▷.，在 3 号图像中绘制选区，选择右边的草莓图像，然后选择"移动工具" ⊕.，将选区图像拖曳到 1 号图像中，并按快捷键 Ctrl+T，打开"自由变换"调节框，拖曳控制点调整图像的大小、位置和旋转角度，如图 1-99 所示，按 Enter 键确认变换。

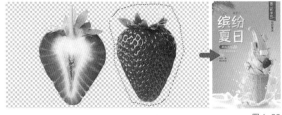

图 1-99

❹ 选择"多边形套索工具" ▷.，在 3 号图像中绘制选区，选择左边的草莓图像，然后选择"移动工具" ⊕.，将选区图像拖曳到 1 号图像中，并按快捷键 Ctrl+T，打开"自由变换"调节框，拖曳控制点调整图像的大小、位置和旋转角度，如图 1-100 所示，按 Enter 键确认变换。

图 1-100

❺ 运用同样的方法，分别拖曳草莓图像到海报中，并使用"自由变换"调整图像的大小、位置和旋转角度，制作的草莓冰淇淋海报如图 1-101 所示。

图 1-101

1.3.4　复制图层合成

复制图层合成主要是将相同的商品图像通过复制放置到不同的位置进行展示，或者通过复制进行组合展示。

下面使用复制图层合成制作水果海报。

❶ 在 Photoshop 中打开两幅素材图片，分别为 1 号和 2 号图像，如图 1-102 所示。

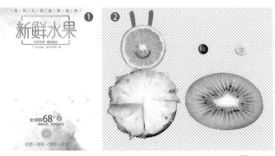

图 1-102

❷ 选择"多边形套索工具" ▷.，在 2 号图像中选择左边的菠萝和橙子图像，然后选择"移动工具" ⊕.，将选区中的图像拖曳到 1 号图像中，并调整位置，接着在"图层"面板中双击图层名称，将其重命名为"菠萝橙子"，如图 1-103 所示。

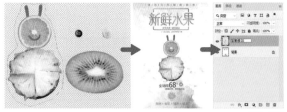

图 1-103

③ 选择"多边形套索工具" ❤️，在 2 号图像中选择蓝莓图像，然后选择"移动工具" ✛，将选区中的图像拖曳到 1 号图像中，按快捷键 Ctrl+T，打开"自由变换"调节框，调整图像的大小和位置，按 Enter 键确认，接着在"图层"面板中双击图层名称，将其重命名为"蓝莓"，如图 1-104 所示。

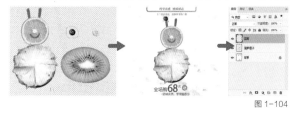

图 1-104

④ 按快捷键 Ctrl+J 复制"蓝莓"图层。选择"移动工具" ✛，调整复制的蓝莓图像的位置，如图 1-105 所示。

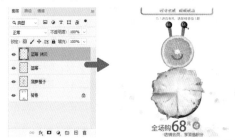

图 1-105

⑤ 选择"多边形套索工具" ❤️，在 2 号图像中选择香蕉图像，选择"移动工具" ✛，将选区中的图像拖曳到 1 号图像中，按快捷键 Ctrl+T，打开"自由变换"调节框，调整图像的大小和位置，按 Enter 键确认，接着在"图层"面板中双击图层名称，将其重命名为"香蕉"，如图 1-106 所示。

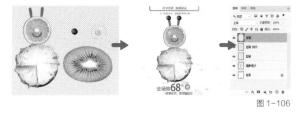

图 1-106

⑥ 选择"蓝莓"图层，按快捷键 Ctrl+J，复制图层为"蓝莓 拷贝 2"，并将其拖曳到"香蕉"图层的上一层，然后选择"移动工具" ✛，在图像中按快捷键 Ctrl+T，打开"自由变换"调节框，调整图像的大小和位置，如图 1-107 所示，按 Enter 键确认。

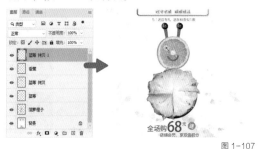

图 1-107

⑦ 在"图层"面板中，按住 Ctrl 键，同时选中"香蕉"和"蓝莓 拷贝 2"两个图层，并按快捷键 Ctrl+J，复制图层为"香蕉 拷贝"和"蓝莓 拷贝 3"，然后选择"移动工具" ✛，调整复制图像的位置，如图 1-108 所示。

图 1-108

⑧ 选择"多边形套索工具" ❤️，在 2 号图像中选择猕猴桃图像，然后选择"移动工具" ✛，将选区中的图像拖曳到 1 号图像中，在"图层"面板中，将其重命名为"猕猴桃"，并拖曳到"菠萝橙子"图层的下一层。按快捷键 Ctrl+T，打开"自由变换"调节框，调整猕猴桃图像的大小和位置，如图 1-109 所示，按 Enter 键确认。

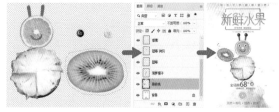

图 1-109

⑨ 用相同的方法，在"图层"面板中复制多个"猕猴桃"图层，然后分别调整复制的猕猴桃图像的位置和旋转角度。使用复制图层合成制作的水果海报如图 1-110 所示。

图 1-110

1.3.5 图层混合模式合成

图层混合模式合成主要是上、下图层进行色彩混合，而且不会影响和损坏原始图像内容，可以用来创建各种特效。在"图层"面板的"图层混合模式"下拉列表中，可以看到所有图层混合模式，如图 1-111 所示。

图 1-111

下面使用图层混合模式合成制作化妆品海报。

❶ 打开 3 幅素材图片，分别为 1~3 号图像，如图 1-112 所示。

图 1-112

❷ 选择"移动工具"⊕，将 2 号图像拖曳到 1 号图像中，在"图层"面板中设置图层混合模式为"正片叠底"，并调整 2 号图像的位置，如图 1-113 所示。

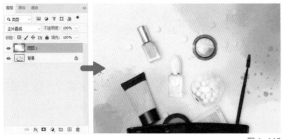

图 1-113

❸ 将 3 号图像拖曳到 1 号图像中，在"图层"面板中设置图层混合模式为"深色"，设置"不透明度"为 50%，并调整 3 号图像的位置，如图 1-114 所示。

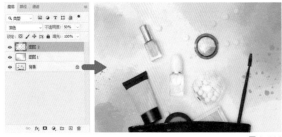

图 1-114

❹ 在图像中加入主题和宣传文字。使用图层混合模式合成制作的化妆品海报如图 1-115 所示。

图 1-115

1.3.6　图层蒙版合成

图层蒙版是一种基于图层的遮罩，所有可以处理灰度图像的工具，如"画笔工具"✐、"反相"命令和部分"滤镜"命令，都可以对其进行编辑。图层蒙版的尺寸和分辨率与图像相同。在图层蒙版中，黑色部分对应位置的图像被完全屏蔽变为透明，白色部分对应位置的图像保持原样，灰色部分对应位置的图像则根据灰色的程度变为半透明，灰色越深越透明，如图 1-116 所示。

图 1-116

下面通过案例展示图层蒙版合成的主要功能与应用方法。

❶ 打开 8 幅素材图片，分别为 1~8 号图像，如图 1-117 所示。

图 1-117

② 在 1 号图像中新建"图层 1"，选择"矩形选框工具" ☐.，绘制矩形选区，设置前景色为黄色，并按快捷键 Alt+Delete，填充选区，如图 1-118 所示，按快捷键 Ctrl+D 取消选区。

图 1-118

③ 选择"移动工具" ⊕.，按快捷键 Ctrl+Alt+T，打开"自由变换"调节框，并按住 Shift 键，水平移动复制矩形，如图 1-119 所示，按 Enter 键确认。

图 1-119

④ 按快捷键 Ctrl+Alt+Shift+T，重复前一次的移动复制图形的操作，复制多个矩形，如图 1-120 所示。

图 1-120

⑤ 使用"移动工具" ⊕.将 2 号蓝莓图像拖曳到 1 号图像中，如图 1-121 所示。

图 1-121

⑥ 按住 Ctrl 键，单击"图层 1"图层的缩览图，载入矩形的外轮廓选区。单击"图层"面板下方的"添加图层蒙版"按钮 ◻，为"蓝莓"图层添加选区蒙版，单击图层缩览图与蒙版之间的"指示图层蒙版链接到图层"按钮 ⑧，取消蒙版链接。选择"蓝莓"图层的缩览图，按快捷键 Ctrl+T，打开"自由变换"调节框，调整图像的大小、位置和旋转角度，如图 1-122 所示，按 Enter 键确认。

图 1-122

⑦ 运用同样的方法，将 3~8 号图像置入 1 号图像中，分别添加选区图层蒙版，并且调整图像的大小、位置和旋转角度，效果如图 1-123 所示。

图 1-123

⑧ 合并除背景以外的所有图层，单击"图层"面板下方的"添加图层蒙版"按钮 ◻，为图层添加图层蒙版。然后选择"画笔工具" ✐.，在选项栏中设置画笔预设为"Kyle 的终极粉彩派对"，"大小"为 150 像素，选择图层蒙版缩览图，设置前景色为黑色，在图像中涂抹出背景中的主题文字，效果如图 1-124 所示。

图 1-124

⑨ 在图像中添加矩形描边，如图 1-125 所示。

图 1-125

1.3.7 图层样式合成

图层样式是应用于一个图层的一种或多种特殊效果，可以为图像添加投影、发光、浮雕、光泽、描边等效果，使其达到更好的展示效果。在"图层"面板中双击图层，或者执行"图层 > 图层样式"命令，打开"图层样式"对话框，如图 1-126 所示。

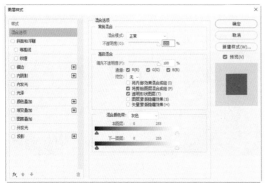

图 1-126

下面通过案例展示图层样式合成的主要功能与应用方法。

❶ 打开 1 号和 2 号素材图片，如图 1-127 所示。

图 1-127

❷ 选择"多边形套索工具" ⋈，在 2 号图像中选择模特人物图像，然后选择"移动工具" ⊕，将选区中的图像拖曳到 1 号图像中，并调整位置，如图 1-128 所示。

图 1-128

❸ 在"图层"面板中双击该图层，打开"图层样式"对话框，勾选"描边"复选框，设置"大小"为 8 像素，"位置"为"外部"，"颜色"为白色，具体设置及效果如图 1-129 所示。

❹ 可以为图像添加多种图层样式效果。勾选"投影"复选框，设置"颜色"为深红色（R:132，G:2，B:7），"角

度"为 115 度，"距离"为 31 像素，"扩展"为 9%，"大小"为 68 像素，单击"确定"按钮 确定，可获得添加投影后的效果，如图 1-130 所示。

图 1-129

图 1-130

❺ 选择"多边形套索工具" ⋈，在 2 号图像中选择灯笼图像，然后选择"移动工具" ⊕，将选区中的图像拖曳到 1 号图像中，并调整位置，如图 1-131 所示。

图 1-131

⑥ 双击该图层，打开"图层样式"对话框，勾选"投影"复选框，设置"颜色"为黑色，"不透明度"为30%，"距离"为67像素，"扩展"为0%，"大小"为49像素，单击"确定"按钮 确定 ，可获得添加投影后的效果，如图 1-132 所示。

图 1-132

⑦ 按快捷键 Ctrl+J，复制灯笼图像，并将图像调整到右上部，效果如图 1-133 所示。

图 1-133

⑧ 选择"多边形套索工具" ▷ ，在2号图像中选择商品图像，然后选择"移动工具" ⊕ ，将选区中的图像拖曳到1号图像中，并调整位置，如图 1-134 所示。

⑨ 双击该图层，打开"图层样式"对话框，勾选"投影"复选框，设置"颜色"为深红色（R:132，G:2，B:7），"距离"为40像素，"扩展"为9%，"大小"为160像素，单击"确定"按钮 确定 ，可获得添加投影后的效果，如图 1-135 所示。

图 1-134

图 1-135

⑩ 选择"矩形选框工具" ▭ ，在2号图像中选择主题文字，然后选择"移动工具" ⊕ ，将选区文字拖曳到1号图像中，并调整位置，如图 1-136 所示。

图 1-136

⑪ 双击该图层，打开"图层样式"对话框，勾选"描边"复选框，设置"大小"为3像素，"位置"为"外部"，"颜色"为白色，具体设置及效果如图 1-137 所示。

⑫ 在对话框中勾选"渐变叠加"复选框，单击"渐变"按钮 ▱ ，打开"渐变编辑器"对话框，设置位置0的颜色为橘红色（R:250，G:107，B:10），位置20的颜色为黄色（R:255，G:213，B:102），位置50的颜色为淡黄色（R:255，G:233，B:203），位置80的颜色为黄色（R:255，G:213，B:102），位置100的颜色为橘红色（R:250，G:107，B:10），单击"确定"按钮 确定 ，可获得添加渐

变的效果，如图 1-138 所示。

图 1-137

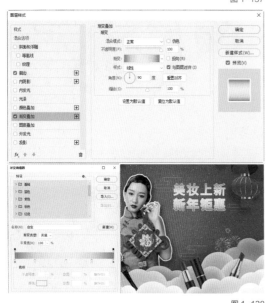

图 1-138

⑬ 在"图层样式"对话框中勾选"投影"复选框，设置
"颜色"为深红色（R:132，G:2，B:7），"不透明度"
为 68%，"距离"为 12 像素，"扩展"为 9%，"大小"
为 18 像素，单击"确定"按钮 确定 ，可获得添加投影后
的效果，如图 1-139 所示。

⑭ 选择"矩形选框工具" ⬚ ，在 2 号图像中选择文字
与图形，然后选择"移动工具" ⊕ ，将选区中的图像拖
曳到 1 号图像中，并调整位置，如图 1-140 所示。

⑮ 双击该图层，打开"图层样式"对话框，勾选"投影"
复选框，设置"颜色"为深红色（R:132，G:2，B:7），"不

透明度"为 68%，"距离"为 12 像素，"扩展"为 9%，
"大小"为 18 像素，单击"确定"按钮 确定 。通过图层
样式合成制作的海报展示效果如图 1-141 所示。

图 1-139

图 1-140

图 1-141

淘宝美工
全能一本通

第 2 章

抠图技法
详解

2.1 简单背景抠图技法

抠图是淘宝美工处理图像的必备技能。将需要的部分从图像中精准地提取出来，就被称为抠图。如果拍摄的商品背景不精美，或者需要把商品应用于更多的场合，此时就需要使用抠图功能。

2.1.1 用"魔棒工具"抠图

在网店装修中，经常要将商品图片放在不同的环境中展示，此时少不了抠取商品。如果背景色彩单一，且物体外轮廓边缘与背景的色差明显，就可以用"魔棒工具" 快速抠取。

实战：用"魔棒工具"抠取单一背景素材

素材位置　素材文件>CH02>1-水杯.jpg、2-背景.jpg
实例位置　实例文件>CH02>实战：用"魔棒工具"抠取单一背景素材.psd
视频名称　实战：用"魔棒工具"抠取单一背景素材.mp4
实用指数　★★★★★
技术掌握　掌握"魔棒工具"抠图法

将马克杯抠出并换成新背景，如图 2-1 所示。

图 2-1

❶ 按快捷键 Ctrl+O，打开"素材文件\CH02\1-水杯.jpg"图片，如图 2-2 所示。

图 2-2

❷ 选择"魔棒工具" ，设置选项栏中的"容差"为 20，按住 Shift 键并连续在背景区域单击，直至建立完整的背景选区，如图 2-3 所示。

图 2-3

> **提示**
>
> "魔棒工具" 可以快速地选出色彩相近的、连续的大面积范围。如果物体边缘颜色相近，可以调整选项栏中的容差值，容差值越小，颜色范围就越小；容差值越大，颜色范围就越大。

❸ 按快捷键 Ctrl+Shift+I 反选选区，选择水杯图像，然后按快捷键 Ctrl+J，将选区中的图像复制到新图层"图层 1"中，如图 2-4 所示。

图 2-4

❹ 打开"2-背景.jpg"图片，如图 2-5 所示。

图 2-5

❺ 选择"移动工具" ，将背景图片拖曳到水杯文件中，并调整图层的位置到"图层 1"的下一层，如图 2-6 所示。

图2-6

⑥ 新建"图层3"，选择"画笔工具" ✐，在水杯的底部分别绘制蓝色（R:21，G:43，B:82）和白色的投影，如图2-7所示。

⑦ 在"图层"面板中，设置"图层3"的图层混合模式为"颜色加深"，并设置"不透明度"为80%，如图2-8所示。

图2-7　　　　　　　　　图2-8

⑧ 新建"图层4"，设置前景色为深蓝色（R:11，G:18，B:48），选择"画笔工具" ✐，在贴近水杯底部的边缘绘制投影，如图2-9所示。

图2-9

2.1.2　用基本形状工具抠图

商品图片的抠取方法有很多种，具体使用什么方法需因图而定。例如，圆形商品、矩形商品等一些外形比较规则的商品图片，可以使用"矩形选框工具" ▯或"椭圆选框工具" ◯来进行抠取。

实战：用"椭圆选框工具"抠取形状规整素材

素材位置　素材文件>CH02>3-背景.jpg、4-咖啡.jpg
实例位置　实例文件>CH02>实战：用"椭圆选框工具"抠取形状规整素材.psd
视频名称　实战：用"椭圆选框工具"抠取形状规整素材.mp4
实用指数　★★★★★
技术掌握　掌握"椭圆选框工具"抠图法

本案例制作的是一个咖啡标签广告，如图2-10所示。

图2-10

① 按快捷键Ctrl+O，打开"素材文件\CH02\3-背景.jpg"图片，如图2-11所示。

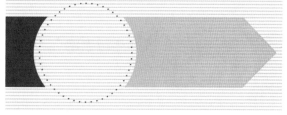

图2-11

② 打开"4-咖啡.jpg"图片，如图2-12所示。

③ 选择"椭圆选框工具" ◯，按住Shift键拖曳鼠标，绘制圆形选区，如图2-13所示。

图2-12　　　　　　　　　图2-13

> 提示
>
> 使用"椭圆选框工具" ◯或"矩形选框工具" ▯时，除了按住Shift键拖曳鼠标创建圆形或正方形选区以外，还可以按住Alt键拖曳鼠标，创建以起点为中心的椭圆形或矩形选区。按住Shift+Alt键并拖曳鼠标，可以创建以起点为中心的圆形或正方形选区。

④ 执行"选择>变换选区"命令，打开"变换选区"调节框，按住Alt键并拖曳鼠标调整调节框四角的控制点，以调整选区的大小和位置，使其与咖啡的外轮廓边缘重合，如图2-14所示。

图 2-14

⑤ 选择"移动工具" ⊕,拖曳选取的咖啡图像到"3-背景 .jpg"图片中,然后调整咖啡的位置,如图 2-15 所示。

图 2-15

⑥ 设置前景色为棕色(R:82,G:40,B:26),选择"横排文字工具" T,输入广告宣传文字并调整其大小和位置,如图 2-16 所示。

图 2-16

2.1.3 用"选择并遮住"抠图

抠取毛绒商品时,如果方法使用不当,可能会使抠取的主体物边缘残缺、生硬、不自然,严重影响图像质量。使用"选择并遮住"功能可以快速地选取图像,减少毛发缺失,抠出的毛绒商品更自然、精细。

实战:用"选择并遮住"抠取毛绒素材

素材位置 素材文件>CH02>5-背景.jpg、6-玩具.jpg
实例位置 实例文件>CH02>实战:用"选择并遮住"抠取毛绒素材.psd
视频名称 实战:用"选择并遮住"抠取毛绒素材.mp4
实用指数 ★★★★★
技术掌握 掌握用"选择并遮住"抠取毛绒素材的方法

毛绒玩具广告效果图如图 2-17 所示。

图 2-17

① 按快捷键 Ctrl+O,打开"素材文件\CH02\5-背景.jpg"图片,如图 2-18 所示。

图 2-18

② 打开"6-玩具.jpg"图片,如图 2-19 所示。

③ 选择"矩形选框工具" □,单击选项栏中的"选择并遮住"按钮 选择并遮住… ,在"属性"面板中单击"视图"下拉按钮,选择"洋葱皮"视图选项,设置"透明度"为 50%,如图 2-20 所示。

图 2-19

图 2-20

> | 提示
>
> 在操作中设置"透明度"是为了更好地观察选择区域,显示原图本色的是选择的区域,而半透明部分则是选区以外的部分。

④ 选择"快速选择工具" ✓,在图像中按住鼠标左键拖曳选择主体物的基本外轮廓,如图 2-21 所示。

⑤ 勾选"属性"面板"视图模式"中的"显示边缘"复选框,选择"调整边缘画笔工具" ✓,在图像中按住鼠标左键拖曳涂抹主体物的边缘,此工具将根据图像中的明暗自动分离出绒毛与背景,如图 2-22 所示。

图 2-21

图 2-22

❻ 在"输出到"下拉列表中选择"新建带有图层蒙版的图层"选项,单击"确定"按钮 确定,初步抠出玩具的外轮廓,如图 2-23 所示。

图 2-23

❼ 选择"背景 拷贝"图层的蒙版。设置前景色为白色,选择"画笔工具" ✐,在玩具边缘残缺的内部进行涂抹,修补残缺的细节部分,如图 2-24 所示。

> 提示
> 此步操作主要修补被"调整边缘画笔工具" ✐ 剔除的半透明部分,让主体能完整地呈现。

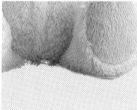
图 2-24

❽ 选择"移动工具" ⊕,拖曳玩具图像到"5-背景 .jpg"图片中,并按快捷键 Ctrl+T 调整商品图像的大小和位置,如图 2-25 所示,然后按 Enter 键确认。

图 2-25

❾ 在"背景 拷贝"图层的蒙版上单击鼠标右键,在弹出的菜单中选择"应用图层蒙版"命令,将图层蒙版应用到图层中,如图 2-26 所示。

❿ 按住 Ctrl 键,单击"背景 拷贝"图层的缩览图,载

入图层外轮廓选区,然后执行"选择 > 修改 > 收缩"命令,设置"收缩量"为 1 像素,单击"确定"按钮 确定。按快捷键 Ctrl+Shift+I 反选选区,选择玩具图像的外轮廓边缘,如图 2-27 所示。

图 2-26
图 2-27

> 提示
> 此步操作主要对主体物外轮廓边缘残留的环境色进行处理。

⓫ 执行"图像 > 调整 > 亮度 / 对比度"命令,打开"亮度 / 对比度"对话框,设置"亮度"为 30,如图 2-28 所示,然后单击"确定"按钮 确定。

图 2-28

⓬ 按快捷键 Ctrl+D 取消选区,在玩具图层的下一层新建"图层 1",设置前景色为棕色(R:63,G:46,B:31),选择"画笔工具" ✐,在玩具底部的边缘绘制投影,如图 2-29 所示。

⓭ 选择"橡皮擦工具" ✐,使用"柔角 30"画笔擦除投影边缘,如图 2-30 所示。

图 2-29

图 2-30

⑭ 合并玩具和投影图层，按快捷键 Ctrl+J 复制图层，并按快捷键 Ctrl+T 调整图像的大小和位置，如图 2-31 所示，然后按 Enter 键确认。

图 2-31

⑮ 使用同样的方法复制多个玩具图像，分别调整大小和位置，如图 2-32 所示。

图 2-32

2.2 复杂背景抠图技法

在拍摄商品图片的时候，有时背景比较杂乱，不利于商品的展示，这时就需要淘宝美工将复杂背景中的主体图像抠出来。

2.2.1 用"钢笔工具"抠图

如果商品轮廓与背景色调接近，使用便捷工具无法快速地选取主体，此时可以使用"钢笔工具" ⌀ 精细抠取。

实战：用"钢笔工具"抠取复杂背景素材

素材位置　素材文件>CH02>7-背景.jpg、8-吉他.jpg
实例位置　实例文件>CH02>实战：用"钢笔工具"抠取复杂背景素材.psd
视频名称　实战：用"钢笔工具"抠取复杂背景素材.mp4
实用指数　★★★★★
技术掌握　掌握使用"钢笔工具"抠取复杂背景的方法

吉他商品图的效果如图 2-33 所示。

图 2-33

① 按快捷键 Ctrl+O，打开"素材文件\CH02\7-背景.jpg"图片，如图 2-34 所示。

② 打开"8-吉他.jpg"图片，如图 2-35 所示。

图 2-34

图 2-35

③ 选择"钢笔工具" ⌀，在图像中绘制出吉他的外轮廓路径，如图 2-36 所示。

图 2-36

④ 按快捷键 Ctrl+Enter，将绘制的路径转换为选区，选择吉他外轮廓选区，如图 2-37 所示。

图 2-37

⑤ 选择"移动工具" ⊕.，按住鼠标左键拖曳选区中的图像到"7-背景.jpg"图片中，然后调整商品图片的大小和位置，如图 2-38 所示。

图 2-38

⑥ 在"图层"面板中双击吉他图层，打开"图层样式"对话框，在对话框中勾选"投影"复选框，参数设置如图 2-39 所示。

图 2-39

⑦ 单击"确定"按钮，添加吉他图像的投影效果，如图 2-40 所示。

图 2-40

2.2.2　通道抠图

淘宝美工必须掌握抠取人物模特素材的技巧。人物的头发或毛发类商品是较难抠取的类型，下面就来介绍简单而快捷的毛发抠图技巧。

实战：用通道抠取头发

素材位置　素材文件>CH02>10-背景.jpg、11-模特.jpg
实例位置　实例文件>CH02>实战：用通道抠取头发.psd
视频名称　实战：用通道抠取头发.mp4
实用指数　★★★★☆
技术掌握　掌握使用通道处理毛发的方法

冬装广告展示页效果如图 2-41 所示。

图 2-41

① 按快捷键 Ctrl+O，打开"素材文件 \CH02\10-背景.jpg"图片，如图 2-42 所示。

图 2-42

❷ 打开"11-模特.jpg"图片，如图 2-43 所示。

❸ 打开"通道"面板，按住鼠标左键将"红"通道拖曳到面板底部的"创建新通道"按钮 回上，复制"红"通道，如图 2-44 所示。

图 2-43　　　　　　　　图 2-44

❹ 执行"图像 > 调整 > 色阶"命令，打开"色阶"对话框，按住鼠标左键拖曳滑块调整参数，如图 2-45 所示，单击"确定"按钮 确定 。

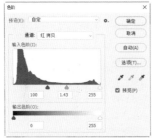

图 2-45

❺ 选择"磁性套索工具" ，勾选背景中多余的白色区域，如图 2-46 所示，然后将选区填充为黑色。

图 2-46

❻ 按快捷键 Ctrl+D 取消选区，执行"图像 > 调整 > 亮度 / 对比度"命令，打开"亮度 / 对比度"对话框，按住鼠标左键拖曳滑块，设置"亮度"为 60，"对比度"为 55，如图 2-47 所示，单击"确定"按钮 确定 。

图 2-47

❼ 按住 Ctrl 键，单击"红 拷贝"通道的缩览图，载入通道选区，并按快捷键 Ctrl+Shift+I 反选选区，如图 2-48 所示。

图 2-48

❽ 选择"背景"图层，按快捷键 Ctrl+J，将选区图像复制到新建的"图层 1"中，如图 2-49 所示。

❾ 打开"通道"面板，按住鼠标左键将"绿"通道拖曳到面板下方的"创建新通道"按钮 回上，复制"绿"通道，如图 2-50 所示。

图 2-49　　　　　　　　图 2-50

❿ 执行"图像 > 调整 > 色阶"命令，打开"色阶"对话框，按住鼠标左键拖曳滑块调整参数，如图 2-51 所示，单击"确定"按钮 确定 。

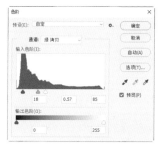

图 2-51

⑪ 按住 Ctrl 键，单击"绿 拷贝"通道的缩览图，载入通道选区，并按快捷键 Ctrl+Shift+I 反选选区，如图 2-52 所示。

图 2-52

⑫ 选择"背景"图层，按快捷键 Ctrl+J，将选区图像复制到新建的"图层 2"中，如图 2-53 所示。

图 2-53

⑬ 选择"磁性套索工具" ，绘制人物的外轮廓选区，如图 2-54 所示。

图 2-54

⑭ 选择"背景"图层，按快捷键 Ctrl+J，将选区图像复制到新建的"图层 3"中，如图 2-55 所示。

图 2-55

⑮ 在"图层 3"的下一层新建"图层 4"，设置前景色为黑色，按快捷键 Alt+Delete，填充图层颜色为黑色，如图 2-56 所示。

图 2-56

⑯ 选中"图层 2"，选择"橡皮擦工具" ，擦除多余的背景图像，如图 2-57 所示。

图 2-57

⑰ 在"图层"面板中按住 Ctrl 键，同时选中"图层 1~3"，按快捷键 Ctrl+E 合并图层。选择"移动工具" ，按住鼠标左键拖曳模特图像到"10-背景.jpg"图片中，并按快捷键 Ctrl+T 调整图像的大小和位置，如图 2-58 所示。

图 2-58

⑱ 执行"图像>调整>色彩平衡"命令，打开"色彩平衡"对话框，按住鼠标左键拖曳滑块调整参数，如图2-59所示。

图2-59

⑲ 单击"确定"按钮（确定），可以看到，调整图像颜色后，模特的色调与背景更加融合，如图2-60所示。

图2-60

举一反三：用通道抠取半透明婚纱

在淘宝商品中，使用通道的特性除了能抠取毛发商品和模特头发，还可以抠取一些半透明的商品，如婚纱和半透明的蚊帐。

素材位置　素材文件>CH02>13-婚纱.jpg、14-背景.jpg
实例位置　实例文件>CH02>举一反三：用通道抠取半透明婚纱.psd
视频名称　举一反三：用通道抠取半透明婚纱.mp4
实用指数　★★★★☆
技术掌握　掌握使用通道抠取半透明婚纱的方法

婚纱海报效果如图2-61所示。

图2-61

① 按快捷键Ctrl+O，打开"素材文件\CH02\13-婚纱.jpg"素材图片，如图2-62所示。

② 打开"通道"面板，复制"绿"通道，执行"图像>调整>色阶"命令，打开"色阶"对话框，按住鼠标左键拖曳滑块调整参数，如图2-63所示。

图2-62

图2-63

③ 选择"磁性套索工具" ，绘制婚纱外轮廓选区，如图2-64所示。

图2-64

④ 按快捷键Ctrl+Shift+I反选选区，填充选区为黑色，分离半透明婚纱与背景，如图2-65所示。

图2-65

⑤ 按住 Ctrl 键，单击"绿 拷贝"通道的缩览图，载入通道选区，并按快捷键 Ctrl+Shift+I 反选选区。选择"背景"图层，按快捷键 Ctrl+J，将选区图像复制到"图层 1"中，如图 2-66 所示。

图 2-66

⑥ 打开"通道"面板，复制"红"通道，执行"图像 > 调整 > 色阶"命令，打开"色阶"对话框，按住鼠标左键拖曳滑块调整参数，如图 2-67 所示。

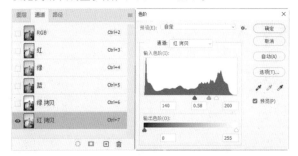

图 2-67

⑦ 按快捷键 Ctrl+I 反转通道颜色，并使用"画笔工具" ✐ 将背景区域涂抹成黑色，如图 2-68 所示。

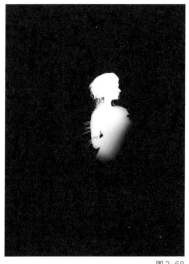

图 2-68

⑧ 按住 Ctrl 键，单击"红 拷贝"通道的缩览图，载入通道选区，并按快捷键 Ctrl+Shift+I 反选选区。选择"背景"图层，按快捷键 Ctrl+J，将选区中的图像复制到"图层 2"中，如图 2-69 所示。

图 2-69

⑨ 选择"磁性套索工具" ✎，绘制人物的外轮廓选区，并选择"背景"图层，按快捷键 Ctrl+J，将选区中的图像复制到"图层 3"中，如图 2-70 所示。

图 2-70

⑩ 打开"14-背景.jpg"图片，如图 2-71 所示。

图 2-71

⑪ 将打开的图片裁剪成竖向构图，然后选择"移动工具" ⊕ ，将背景图片拖曳到婚纱素材图片中，调整图层到"图层 3"的下一层，接着选择"橡皮擦工具" ⬚ ，擦除背景底部的边缘，将图层命名为"图层 4"，效果如图 2-72 所示。

⑬ 按快捷键 Ctrl+D 取消选区，设置图层混合模式为"色相"，"不透明度"为 50%，如图 2-74 所示。最终效果如图 2-75 所示。

图 2-74

图 2-72

⑫ 按住 Ctrl 键，单击"图层 1"的缩览图，载入半透明婚纱选区，新建"图层 5"，设置前景色为紫色（R:97，G:52，B:85），使用"画笔工具" ⬚ 在半透明婚纱区域绘制环境色，如图 2-73 所示。

图 2-73

图 2-75

淘宝美工
全能一本通

第 3 章

淘宝商品主图调色

3.1 调整曝光不足

受到环境或天气的影响，拍摄出来的图片可能会曝光不足，严重影响商品的展示效果，此时可以通过"曝光度"命令对图片进行调整和修复。

实战： 调整曝光不足的图片

素材位置　素材文件>CH03>1-牛仔衣.jpg
实例位置　实例文件>CH03>实战：调整曝光不足的图片.psd
视频名称　实战：调整曝光不足的图片.mp4
实用指数　★ ★ ★ ★ ☆
技术掌握　掌握调整曝光不足图片的方法

修复图像后的效果如图 3-1 所示。

图 3-1

① 按快捷键 Ctrl+O，打开"素材文件 \CH03\1-牛仔衣.jpg"图片，如图 3-2 所示。

② 执行"图像>调整>曝光度"命令，打开"曝光度"对话框，拖曳滑块设置参数，如图 3-3 所示。

③ 单击"确定"按钮 确定 ，调整后的效果如图 3-4 所示。

图 3-2

图 3-3

图 3-4

3.2 调整图片暗部

拍摄商品图片时，受到光线的影响，图片有些地方没有获得足够的照明，会使图片的光影分布不均，不利于商品的展示，这时就需要淘宝美工调整图片的暗部。

实战： 调整商品图片的暗部

素材位置　素材文件>CH03>2-手提包.jpg
实例位置　实例文件>CH03>实战：调整商品图片的暗部.psd
视频名称　实战：调整商品图片的暗部.mp4
实用指数　★★★★★
技术掌握　掌握调整商品图片暗部的方法

　　调整商品暗部色调后的效果如图3-5所示。

图 3-5

❶ 按快捷键 Ctrl+O，打开"素材文件\CH03\2-手提包.jpg"图片，如图3-6所示。

图 3-6

❷ 执行"图像>调整>阴影/高光"命令，打开"阴影/高光"对话框，拖曳滑块设置各项参数，如图3-7所示。

图 3-7

> 提示
>
> 运用"阴影/高光"命令，可分别调整图像中的阴影和高光部分的色调。本案例主要调整商品的暗部，其中"颜色"参数不宜调节得过大，否则容易造成商品图像失真。

❸ 单击"确定"按钮（确定），调整后的效果如图3-8所示。

图 3-8

3.3 调整偏色

　　受天气和拍摄设备白平衡设置的影响，拍摄出来的图片可能存在偏色问题，这时就需要淘宝美工调整图片的偏色，还原商品图片的本色，达到最佳的拍摄效果。下面就来详细地介绍调整图片偏色的方法。

实战： 调整偏色的商品图片

素材位置　素材文件>CH03>3-帽子.jpg
实例位置　实例文件>CH03>实战：调整偏色的商品图片.psd
视频名称　实战：调整偏色的商品图片.mp4
实用指数　★★★★★
技术掌握　掌握调整偏色的方法

调整毛线帽商品图片的最终效果如图3-9所示。

图 3-9

❶ 按快捷键Ctrl+O，打开"素材文件\CH03\3-帽子.jpg"图片，如图3-10所示。

图 3-10

❷ 执行"图像 > 调整 > 色彩平衡"命令，打开"色彩平衡"对话框，拖曳滑块调节参数，如图3-11所示。

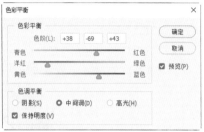

图 3-11

> **提示**
>
> 在"色彩平衡"对话框中，可以根据图像偏色的严重程度，分别选择"阴影"或"高光"选项来调整商品图像的暗部或高光的细节色彩。

❸ 单击"确定"按钮，完成后的效果如图3-12所示。

图 3-12

3.4 更改商品图片的色调

通常情况下，同一个商品有多种颜色，为了节约时间并提高工作效率，可以直接使用Photoshop替换商品的颜色，无须将所有商品摆拍一次。

实战： 更改商品图片的色调

素材位置　素材文件>CH03>4-女包.jpg
实例位置　实例文件>CH03>实战：更改商品图片的色调.psd
视频名称　实战：更改商品图片的色调.mp4
实用指数　★★★☆☆
技术掌握　掌握更改商品图片色调的方法

更改商品图片色调的最终效果如图3-13所示。

图 3-13

① 按快捷键 Ctrl+O，打开"素材文件 \CH03\4-女包.jpg"图片，如图 3-14 所示。

图 3-14

② 执行"图像>调整>替换颜色"命令，打开"替换颜色"对话框，使用"吸管工具" 🖌 在图像中单击女包的玫红色区域，设置"颜色容差"为 200，然后根据需要替换的颜色分别调节"色相"和"饱和度"参数，如图 3-15 所示。

图 3-15

提示

在"替换颜色"对话框中，可以通过单击"添加到取样"按钮 🖌 和"从取样中减去"按钮 🖌 在图像中选取颜色范围。在改变选取的颜色范围时，可以直接单击"结果"色样进行调整。

③ 单击"确定"按钮 确定，可获得商品颜色更改后的效果，如图 3-16 所示。

图 3-16

举一反三：**更改多个商品图片的色调**

通常情况下，使用"替换颜色"命令可以直接选取商品图片中的某个颜色进行替换，但如果商品图片中相同的颜色较多，或者与其他颜色相近，此时直接替换选取颜色会影响其他颜色商品的展示。对于此类情况，可以先选取单个商品，然后替换商品颜色。

素材位置 素材文件>CH03>5-儿童裤.jpg
实例位置 实例文件>CH03>举一反三：更改多个商品图片的色调.psd
视频名称 举一反三：更改多个商品图片的色调.mp4
实用指数 ★★★☆☆
技术掌握 掌握更改商品图片色调的方法

更改商品图片色调的最终效果如图 3-17 所示。

图 3-17

① 按快捷键 Ctrl+O，打开"素材文件 \CH03\5-儿童裤.jpg"图片，如图 3-18 所示。

图 3-18

② 选择"磁性套索工具" 🔗，沿着蓝色商品边缘移动鼠标，绘制商品的外轮廓选区，如图 3-19 所示。

图 3-19

❸ 执行"图像＞调整＞替换颜色"命令，打开"替换颜色"对话框，使用"吸管工具" ✐ 在图像中选取商品的颜色，拖曳滑块分别设置参数，如图 3-20 所示。

图 3-20

❹ 单击"确定"按钮 确定 ，更改选区商品的颜色，如图 3-21 所示，然后按快捷键 Ctrl+D 取消选区。

图 3-21

❺ 选择"磁性套索工具" ✐ ，沿着橘黄色商品边缘移动鼠标，绘制商品的外轮廓选区，如图 3-22 所示。

图 3-22

❻ 执行"图像＞调整＞替换颜色"命令，打开"替换颜色"对话框，选中"图像"选项，使用"吸管工具" ✐ 在图像中选取商品的颜色，拖曳滑块分别设置参数，如图 3-23 所示，单击"确定"按钮 确定 。

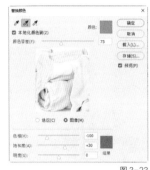

图 3-23

❼ 用同样的方法，选择"磁性套索工具" ✐ ，绘制绿色商品的外轮廓选区，如图 3-24 所示。

图 3-24

❽ 执行"图像＞调整＞替换颜色"命令，打开"替换颜色"对话框，使用"吸管工具" ✐ 在图像中选取商品的颜色，拖曳滑块分别设置参数，如图 3-25 所示，单击"确定"按钮 确定 。

❾ 选择"磁性套索工具" ✐ ，绘制黄色商品的外轮廓选区。执行"图像＞调整＞替换颜色"命令，使用"吸管工具" ✐ 在图像中选取商品的颜色，拖曳滑块分别设置参数，如图 3-26 所示。

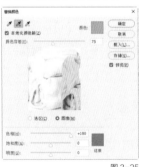 

图 3-25　　　　　　　　图 3-26

❿ 单击"确定"按钮 确定 ，最终效果如图 3-27 所示。

图 3-27

淘宝美工
全能一本通

第 4 章

淘宝商品
视觉合成

学习重点　　图片合成投影与阴影的制作方法　|　商品组合展示技法　|　商品美化合成

淘宝图片合成技法

常见的图片合成方式包括给商品添加阴影、商品组合展示和创意合成等。这一节主要讲解常用的合成方式，以供读者参考和学习，希望可以帮助读者发散思维，展开想象，制作出更多有创意的视觉合成作品。

4.1.1 制作投影与阴影

将抠取的商品图像放入新的背景中，往往没有投影和阴影，看起来不够立体和逼真，以致影响画面的展示效果，此时就需要为商品添加投影和阴影。

实战：护肤品投影与阴影的合成

素材位置　素材文件>CH04>1-背景.jpg、2-模特.jpg、3-化妆品.jpg
实例位置　实例文件>CH04>实战：护肤品投影与阴影的合成.psd
视频名称　实战：护肤品投影与阴影的合成.mp4
实用指数　★★★☆☆
技术掌握　掌握商品投影和阴影的制作与合成技术

制作投影和阴影后的商品最终效果如图4-1所示。

图4-1

❶ 按快捷键Ctrl+O，打开"素材文件\CH04\1-背景.jpg"图片，如图4-2所示。

❷ 打开"2-模特.jpg"图片，如图4-3所示。

图4-2　　　　　　图4-3

❸ 打开"通道"面板，将"红"通道拖曳到面板下方的"创建新通道"按钮 回 上，如图4-4所示。

图4-4

❹ 执行"图像>调整>曲线"命令，打开"曲线"对话框，在曲线上单击添加控制点，并调整曲线，如图4-5所示，单击"确定"按钮 确定 。

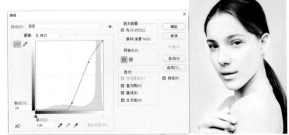

图4-5

> **提示**
>
> 使用"曲线"命令的目的是分离人物的头发，选择"红"通道是因为此通道中头发与背景的色差较大。

❺ 按快捷键Ctrl+I，反转通道颜色，以便更好地观察和调节人物的头发部分，如图4-6所示。

❻ 执行"图像>调整>色阶"命令，打开"色阶"对话框，拖曳滑块调整参数，如图4-7所示。

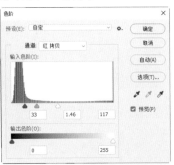

图4-6　　　　　　　　　　　　　图4-7

⑦ 单击"确定"按钮(确定)，调整色阶后的头发效果如图 4-8 所示。

图 4-8

⑧ 按住 Ctrl 键，单击"红 拷贝"通道的缩览图，载入通道选区，并按快捷键 Ctrl+Shift+I 反选选区，选择"背景"图层，如图 4-9 所示。

⑨ 按快捷键 Ctrl+J，将选区中的图像复制到新图层中，并将图层重命名为"头发"，如图 4-10 所示。

图 4-9　　　　　　　　　　图 4-10

⑩ 选择"背景"图层，使用"磁性套索工具"绘制人物的外轮廓选区，如图 4-11 所示。

⑪ 按快捷键 Ctrl+J，将选区中的图像复制到新图层中，并将图层重命名为"外轮廓"，如图 4-12 所示。

图 4-11　　　　　　　　　　图 4-12

⑫ 在"图层"面板中，按住 Ctrl 键，同时选中"头发"和"外轮廓"图层，按快捷键 Ctrl+E，合并选中的图层，并将其重命名为"人物"，如图 4-13 所示。

⑬ 选择"移动工具"，拖曳人物图像到"1- 背景.jpg"图片中，并按快捷键 Ctrl+T，调整图像的大小和位置，如图 4-14 所示，按 Enter 键确认。

图 4-13　　　　　　　　　　图 4-14

⑭ 执行"图像 > 调整 > 曲线"命令，打开"曲线"对话框，在曲线上单击添加控制点，并调整曲线，如图 4-15 所示。

⑮ 单击"确定"按钮(确定)，调整"曲线"后的人物图片效果如图 4-16 所示。

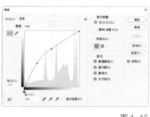

图 4-15　　　　　　　　　　图 4-16

⑯ 执行"图像 > 调整 > 色彩平衡"命令，打开"色彩平衡"对话框，拖曳滑块调整参数，如图 4-17 所示。

⑰ 单击"确定"按钮(确定)，可以看到，调整图像颜色后，模特的色调与背景更加融合，效果如图 4-18 所示。

图 4-17　　　　　　　　　　图 4-18

⑱ 打开"3-化妆品.jpg"图片，如图 4-19 所示。

图 4-19

⑲ 选择"魔棒工具"，设置选项栏中的"容差"为 10，在空白的背景区域单击，建立选区，如图 4-20 所示。

⑳ 按快捷键 Ctrl+Shift+I，反选外轮廓选区，选择化妆品图像，如图 4-21 所示。

图 4-20　　　　　　　图 4-21

㉑ 选择"移动工具" ⊕,，拖曳选区图像到"1- 背景 .jpg"图片中，按快捷键 Ctrl+T，调整图像的大小和位置，如图 4-22 所示，按 Enter 键确认，并将图层重命名为"化妆品"。

图 4-22

㉒ 选择打开的"3-化妆品 .jpg"图片，打开"通道"面板，将"绿"通道拖曳到面板下方的"创建新通道"按钮 ▣ 上，复制绿通道，如图 4-23 所示。

图 4-23

㉓ 执行"图像 > 调整 > 色阶"命令，打开"色阶"对话框，拖曳滑块调整参数，如图 4-24 所示。

㉔ 单击"确定"按钮（确定），调整通道颜色，效果如图 4-25所示。

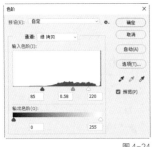

图 4-24　　　　　　　图 4-25

㉕ 按快捷键 Ctrl+I，反转通道颜色，效果如图 4-26 所示。

提示

该通道中选择的图像主要是化妆品的阴影部分，因为化妆品的瓶盖部分是透明的，所以制作的阴影也应该是透明图像。

图 4-26

㉖ 按住 Ctrl 键，单击"绿 拷贝"通道的缩览图，载入通道选区，并按快捷键 Ctrl+Shift+I 反选选区，选择"背景"图层，如图 4-27 所示。

图 4-27

㉗ 新建图层并命名为"阴影"，设置前景色为红色(R:255，G:94, B:111)，按快捷键 Alt+Delete，填充选区，如图 4-28所示，按快捷键 Ctrl+D 取消选区。

图 4-28

㉘ 选择"移动工具" ⊕,，拖曳阴影图像到"1- 背景 .jpg"图片中，并将"阴影"图层调整到"化妆品"图层的下一层，按快捷键 Ctrl+T，调整图像的大小和位置，如图4-29 所示，按 Enter 键确认。

图 4-29

㉙ 执行"滤镜 > 模糊 > 高斯模糊"命令，打开"高斯模糊"对话框，设置"半径"为 5 像素，如图 4-30 所示，单击"确定"按钮（确定）。

㉚ 选择"橡皮擦工具" ✏️，使用"柔角30"画笔样式擦除阴影边缘，效果如图4-31所示。

图4-30

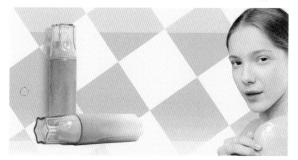

图4-31

㉛ 选择"化妆品"图层，按快捷键Ctrl+J复制图层，并将其重命名为"投影"，调整该图层到"化妆品"图层的下一层，如图4-32所示。

㉜ 按快捷键Ctrl+T，打开"自由变换"调节框，在调节框中单击鼠标右键，在弹出的快捷菜单中选择"垂直翻转"命令，调整图像的位置，如图4-33所示，按Enter键确认。

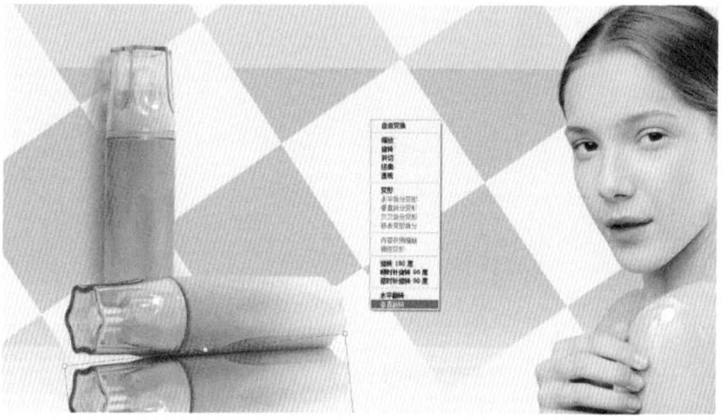

图4-32

图4-33

㉝ 选择"橡皮擦工具" ✏️，使用"柔角30"画笔样式擦除投影的下部，效果如图4-34所示。

图4-34

㉞ 选择"横排文字工具" T，设置前景色为红色（R:255，G:96，B:109），输入文字，并调整其位置和大小，如图4-35所示。

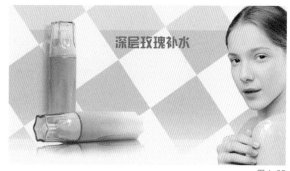

图4-35

㉟ 在"图层"面板中双击文字图层，打开"图层样式"对话框，勾选"描边"复选框，设置"大小"为4像素，"颜色"为白色，其他参数设置如图4-36所示。

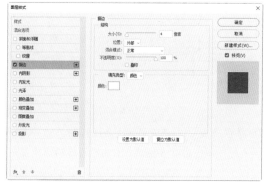

图4-36

㊱ 选择"横排文字工具" T，在图像中分别输入文字，并调整其位置和大小，如图4-37所示。

图4-37

㊲ 在添加图层样式的文字图层上单击鼠标右键，在弹出的快捷菜单中选择"拷贝图层样式"命令，如图4-38所示。

图4-38

38 在"图层"面板中，分别在其他文字图层上单击鼠标右键，在弹出的快捷菜单中选择"粘贴图层样式"命令，为文字添加描边效果，如图 4-39 所示。

图 4-39

39 新建图层，并将其命名为"文字边框"，选择"矩形选框工具"◻，在文字边缘位置绘制矩形选区，如图 4-40 所示。

40 执行"编辑 > 描边"命令，打开"描边"对话框，设置"宽度"为 3 像素，"颜色"为红色（R:255, G:94, B:111），如图 4-41 所示，单击"确定"按钮 确定。

图 4-40　　　　　　　图 4-41

41 按快捷键 Ctrl+D 取消选区。同样在"文字边框"图层上单击鼠标右键，在弹出的快捷菜单中选择"粘贴图层样式"命令，添加描边效果，如图 4-42 所示。

图 4-42

42 选择"矩形选框工具"◻，单击选项栏中的"添加到选区"按钮 ◻，分别在文字边缘位置绘制矩形选区，并按 Delete 键删除选区内容，如图 4-43 所示。

图 4-43

43 在"图层"面板中新建图层，并将其命名为"圆圈"，选择"椭圆选框工具"○，按住 Shift 键绘制圆形选区，如图 4-44 所示。

图 4-44

44 执行"编辑 > 描边"命令，打开"描边"对话框，设置"宽度"为 3 像素，"颜色"为红色（R:255, G:96, B:109），如图 4-45 所示，单击"确定"按钮 确定。

45 描边后的效果如图 4-46 所示，按快捷键 Ctrl+D 取消选区。

图 4-45　　　　　　　图 4-46

46 在"图层"面板中新建图层，并将其命名为"圆点"，选择"椭圆选框工具"○，按住 Shift 键在圆圈上绘制圆形选区，按快捷键 Alt+Delete，为选区填充红色（R:255, G:96, B:109），如图 4-47 所示。

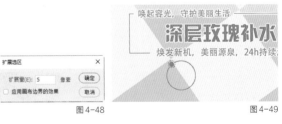

图 4-47

47 执行"选择 > 修改 > 扩展"命令，打开"扩展选区"对话框，设置"扩展量"为 5 像素，如图 4-48 所示，单击"确定"按钮 确定。

48 选择"圆圈"图层，按 Delete 键删除选区内容，如图 4-49 所示，按快捷键 Ctrl+D 取消选区。

图 4-48　　　　　　　图 4-49

49 在"图层"面板中，按住 Ctrl 键，同时选中"圆圈"和"圆点"图层，按快捷键 Ctrl+E，合并选中的图层，并将其重命名为"圆形边框"，如图 4-50 所示。

50 在"圆形边框"图层上单击鼠标右键，在弹出的快捷菜单中选择"粘贴图层样式"命令，添加描边效果，如图 4-51 所示。

图 4-50　　　　　　　　　　图 4-51

51 按快捷键 Ctrl+J，复制多个"圆形边框"图层，选择"移动工具"，按住 Shift 键，平行移动圆形边框图形，如图 4-52 所示。

图 4-52

52 选择"横排文字工具"T.，设置前景色为红色（R:255，G:96，B:109），在圆形边框图形内分别输入广告文字，如图 4-53 所示。

图 4-53

53 选择"横排文字工具"T.，在圆形边框图形下方输入广告文字，如图 4-54 所示。

图 4-54

54 新建图层，并将其命名为"矩形条"，选择"矩形选框工具"，绘制矩形选区，按快捷键 Alt+Delete，为选区填充红色（R:255，G:96，B:109），如图 4-55 所示。

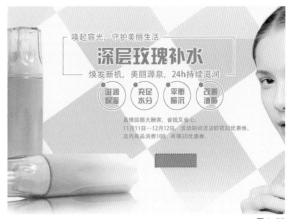

图 4-55

55 设置前景色为粉红色（R:255，G:167，B:189），绘制矩形选区，按快捷键 Alt+Delete，填充选区，如图 4-56 所示，按快捷键 Ctrl+D 取消选区。

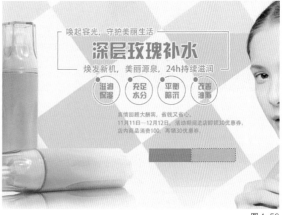

图 4-56

56 选择"横排文字工具"T.，在矩形条图形上输入白色文字，最终效果如图 4-57 所示。

图 4-57

4.1.2 商品组合展示

商品组合展示其实就是将商品与场景进行合成，形成一种新的视觉效果。在制作过程中展开想象力，多方位考虑视觉的展现效果，合理调整拼合图像和环境色等，这样才能让组合的整体画面更美观。

实战：啤酒组合展示

素材位置　素材文件>CH04>4-冰水.jpg、5-啤酒商品.jpg、6-二维码.tif
实例位置　实例文件>CH04>实战：啤酒组合展示.psd
视频名称　实战：啤酒组合展示.mp4
实用指数　★★★★☆
技术掌握　掌握商品组合展示的制作技法

啤酒商品组合展示的最终效果如图4-58所示。

图4-58

❶ 按快捷键Ctrl+O，打开"素材文件\CH04\4-冰水.jpg"图片，如图4-59所示。

图4-59

❷ 执行"图像>调整>亮度/对比度"命令，打开"亮度/对比度"对话框，拖曳滑块分别调整参数，如图4-60所示。

图4-60

❸ 单击"确定"按钮，调整图片亮度和对比度后的效果如图4-61所示。

图4-61

❹ 打开"5-啤酒商品.jpg"图片，如图4-62所示。

❺ 选择"钢笔工具" ，在图片中绘制出啤酒商品的外轮廓路径，如图4-63所示。

图4-62　　　　　　　　　　　　图4-63

> 提示
>
> 使用"钢笔工具" 绘制啤酒商品外轮廓路径，主要是为了精细抠取啤酒瓶，在绘制时最好将图像放大一些进行抠取，这样抠取的商品会更精细，后期合成的效果会更美观。

❻ 按快捷键Ctrl+Enter，将绘制的路径转换为选区，选择啤酒外轮廓选区，如图4-64所示。

图4-64

❼ 选择"移动工具" ，拖曳选区图像到"4-冰水.jpg"图片中，并将图层命名为"啤酒"。按快捷键Ctrl+T，调整图像的大小和位置，如图4-65所示，按Enter键确认。

图4-65

⑧ 在"图层"面板中，单击"啤酒"图层的"指示图层可见性"按钮👁，隐藏啤酒商品图片。选择"背景"图层，使用"磁性套索工具"👁沿着啤酒商品的冰块位置拖曳，绘制背景中的图像选区，如图 4-66 所示。

图 4-66

⑨ 按快捷键 Ctrl+J，将选区图像复制到新图层中，并将图层重命名为"冰块"，拖曳图层到"啤酒"图层的上一层，单击"啤酒"图层的"指示图层可见性"按钮👁，显示啤酒商品图片，使冰块图像盖住啤酒商品图像，如图 4-67 所示。

图 4-67

⑩ 选择"冰块"图层，单击"图层"面板下方的"添加图层蒙版"按钮▢，为图层添加蒙版，如图 4-68 所示。

⑪ 选择"画笔工具"👁，单击选项栏中的"画笔预设"按钮👁，设置"大小"为 175 像素，选择"KYLE 终极炭笔 25 像素中等 2"画笔样式，如图 4-69 所示。

图 4-68   图 4-69

⑫ 设置选项栏中的"不透明度"为 20%，设置前景色为黑色，在"冰块"图层的蒙版中涂抹遮挡的图像，使啤酒瓶在水中和冰块的部分成半透明状态显示，制作出一种被冰块包裹在水中的感觉，效果如图 4-70 所示。

> ┌─ 提示 ─
> 如果遮挡的冰块和水涂抹得过多，水中和冰块包裹的啤酒瓶过于明显，则会让组合的效果不太逼真，此时可以设置前景色为白色，再在蒙版中涂抹冰块和水，重新进行遮挡调整。

图 4-70

⑬ 新建图层并将其命名为"环境色"，选择"画笔工具"👁，设置画笔样式为"柔角 30"，"大小"为400 像素，设置前景色为褐色（R:185，G:67，B:4），在图像中涂抹，如图 4-71 所示。

图 4-71

⑭ 在"图层"面板中设置"环境色"图层的图层混合模式为"叠加"，选择"橡皮擦工具"👁，使用"柔角30"画笔样式擦除啤酒瓶在水中和冰块以外的部分，让合成的图像更加融合，效果如图 4-72 所示。

图 4-72

> ┌─ 提示 ─
> 添加环境色主要是根据啤酒瓶的颜色而决定的，因为按照视觉逻辑来说，冰块是透明反光物体，会映射一些周边物体的颜色，所以制作冰块上的环境色，能使整体视觉效果更加和谐、逼真。

⑮ 选择"横排文字工具"T，设置前景色为蓝色（R:5，G:105，B:142），输入文字，如图 4-73 所示。

图 4-73

⑯ 双击文字图层，打开"图层样式"对话框，勾选"描边"复选框，设置"大小"为 2 像素，"不透明度"为 0%，如图 4-74 所示。

图 4-74

⑰ 勾选"投影"复选框，设置"颜色"为褐色（R:202，G:55，B:0），"不透明度"为 100%，如图 4-75 所示，单击"确定"按钮 确定 。

图 4-75

⑱ 为文字添加"描边"和"投影"图层样式，效果如图 4-76 所示。

图 4-76

⑲ 选择"横排文字工具" T.，分别输入蓝色广告文字，如图 4-77 所示。

图 4-77

⑳ 新建图层并将其命名为"圆角矩形"，设置"不透明度"为 50%，如图 4-78 所示。

图 4-78

㉑ 选择"圆角矩形工具" ◻.，设置选项栏中的"选择工具模式"为"像素"，"半径"为 50 像素，前景色为白色，在右下方绘制圆角矩形，如图 4-79 所示。

图 4-79

㉒ 按快捷键 Ctrl+O，打开"素材文件 \CH04\6-二维码.tif"素材图片，如图 4-80 所示。

图 4-80

㉓ 选择"移动工具" ⊕.，拖曳图像到"4-冰水.jpg"图片中，并按快捷键 Ctrl+T，调整图像的大小和位置，如图 4-81 所示，按 Enter 键确认。

图 4-81

㉔ 选择"横排文字工具" T.，设置前景色为蓝色（R:5，G:105，B:142），在圆角矩形中分别输入广告文字，制作完成后的效果如图 4-82 所示。

图 4-82

举一反三：饮料包装创意合成展示

本案例是诸多商品合成中的一种创意合成展示，作为一种思维拓展方式进行讲解。在表现果汁饮料瞬间切片的视觉冲击力的同时，透出新鲜的果肉，汁液四溅，给观者一种夏日清凉解暑的感觉。这种效果在实际生活中无法使用相机拍摄，所以需要合成制作。"细节决定成败"，细节部分制作尤为重要，饮料类商品使用这种独特的合成手法往往会有效地吸引顾客的注意，加深顾客对商品的印象。

素材位置　素材文件>CH04>7-鲜果背景.jpg、8-饮料.tif、9-橙子.jpg、
　　　　　10-果汁.tif
实例位置　实例文件>CH04>举一反三：饮料包装创意合成展示.psd
视频名称　举一反三：饮料包装创意合成展示.mp4
实用指数　★★★★☆
技术掌握　掌握饮料商品切片效果创意合成的制作技法

商品饮料创意合成的最终效果如图 4-83 所示。

图 4-83

❶ 按快捷键 Ctrl+O，打开"素材文件 \CH04\7-鲜果背景.jpg"图片，如图 4-84 所示。

❷ 打开"8-饮料.tif"图片，如图 4-85 所示。

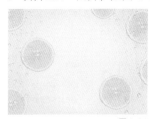

图 4-84　　　　图 4-85

❸ 选择"移动工具"⊕.，拖曳商品图像到"7-鲜果背景.jpg"图片中，并按快捷键 Ctrl+T，调整图像的大小和位置，如图 4-86 所示，按 Enter 键确认。

图 4-86

❹ 选择"椭圆选框工具"○.，绘制椭圆形选区，如图 4-87 所示。

❺ 按快捷键 Ctrl+Shift+J，将选区图像剪切到新图层中，并命名为"瓶盖"，如图 4-88 所示。

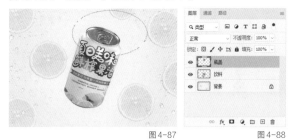

图 4-87　　　　　　　　　图 4-88

❻ 按快捷键 Ctrl+T，调整图像的大小和位置，如图 4-89 所示，按 Enter 键确认。

图 4-89

❼ 选择"饮料"图层，使用"椭圆选框工具"○.绘制椭圆形选区，如图 4-90 所示。

❽ 按快捷键 Ctrl+Shift+J，将选区图像剪切到新图层中，并命名为"瓶中"，如图 4-91 所示。

图 4-90　　　　　　　　　图 4-91

⑨ 选择"饮料"图层，按快捷键 Ctrl+T，调整图像的大小和位置，如图 4-92 所示，按 Enter 键确认。

图 4-92

⑩ 选择"椭圆选框工具"○，绘制椭圆形选区，如图 4-93 所示。

⑪ 按快捷键 Ctrl+Shift+J，将选区图像剪切到新图层中，并命名为"瓶下"，如图 4-94 所示。

图 4-93　　　　　　　图 4-94

⑫ 选择"饮料"图层，选择"移动工具"⊕，移动图像的位置，如图 4-95 所示。

图 4-95

⑬ 打开"9-橙子.jpg"图片，如图 4-96 所示。

⑭ 选择"椭圆选框工具"○，绘制圆形选区，选择橙子的果肉部分，如图 4-97 所示。

图 4-96　　　　　　　图 4-97

> 提示
>
> 使用"椭圆选框工具"○选择橙子的果肉部分而不是果皮，这是因为素材图片中橙子的边缘图像凹凸不平，橙子果皮的颜色也会影响后期的合成效果。

⑮ 选择"移动工具"⊕，拖曳选区图像到"7-鲜果背景.jpg"图片中，将图层命名为"橙子1"。调整该图层到瓶盖的下一层，并按快捷键 Ctrl+T，打开"自由变换"调节框，按住 Ctrl 键，拖曳控制点调整图像的大小和位置，以及透视角度，如图 4-98 所示，按 Enter 键确认。

图 4-98

⑯ 执行"图像 > 调整 > 曲线"命令，打开"曲线"对话框，在曲线上单击添加控制点，并调整曲线，如图 4-99 所示。

⑰ 单击"确定"按钮 确定，橙子图像效果如图 4-100 所示。

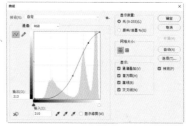

图 4-99　　　　　　　图 4-100

⑱ 按住 Ctrl 键，单击"瓶盖"图层的缩览图，载入图像的外轮廓选区，如图 4-101 所示。

⑲ 执行"选择 > 修改 > 羽化"命令，打开"羽化选区"对话框，设置"羽化半径"为 20 像素，如图 4-102 所示，单击"确定"按钮 确定。

图 4-101　　　　　　　图 4-102

⑳ 在"瓶盖"图层的下一层新建图层，并将其命名为"瓶盖阴影"，设置"不透明度"为 60%，如图 4-103 所示。

㉑ 设置前景色为黑色，按快捷键 Alt+Delete，填充选区。选择"移动工具" ⊕.，调整选区图像的位置，如图 4-104 所示，按快捷键 Ctrl+D 取消选区。

图 4-103　　　　　　　　　　　　　图 4-104

㉒ 选择"橡皮擦工具" ◢.，使用"柔角 30"画笔，设置"大小"为 300 像素，擦除瓶盖的阴影边缘部分，效果如图 4-105 所示。

图 4-105

提示

使用"橡皮擦工具" ◢.擦除瓶盖阴影边缘主要是为了体现出瓶盖的立体感，所以根据图像的实际情况，擦除橙子和瓶中图像以外的阴影图像，并且秉着远浅近深的视觉原则，对阴影部分进行擦除。

㉓ 选择"9- 橙子.jpg"图片，运用相同的方法，使用"移动工具" ⊕.，拖曳选区图像到"7- 鲜果背景.jpg"图片中，将图层命名为"橙子 2"，并调整到"瓶下"图层的上一层。按快捷键 Ctrl+T，调整图像的大小和位置，如图 4-106 所示，按 Enter 键确认。

图 4-106

㉔ 执行"图像 > 调整 > 曲线"命令，打开"曲线"对话框，在曲线上单击添加控制点，并调整曲线，如图 4-107 所示。

㉕ 单击"确定"按钮（确定），调整"曲线"后的橙子图像效果，如图 4-108 所示。

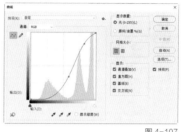 

图 4-107　　　　　　　　　　　　　图 4-108

㉖ 按住 Ctrl 键，单击"瓶中"图层的缩览图，载入图像的外轮廓选区，如图 4-109 所示。

㉗ 执行"选择 > 修改 > 羽化"命令，打开"羽化选区"对话框，设置"羽化半径"为 20 像素，如图 4-110 所示，单击"确定"按钮（确定）。

图 4-109　　　　　　　　　　　　　图 4-110

㉘ 在"瓶中"图层的下一层新建图层，并将其命名为"瓶中阴影"，设置"不透明度"为 60%，如图 4-111 所示。

㉙ 设置前景色为黑色，按快捷键 Alt+Delete，填充选区，并按快捷键 Ctrl+D 取消选区。按快捷键 Ctrl+T，调整图像的大小和位置，如图 4-112 所示，按 Enter 键确认。

图 4-111　　　　　　　　　　　　　图 4-112

㉚ 选择"橡皮擦工具" ▱，使用"柔角30"画笔，设置"大小"为300像素，擦除瓶中的阴影边缘部分，如图4-113所示。

图4-113

㉛ 运用同样的方法，选择打开的"9-橙子.jpg"素材图片，选择"移动工具" ⊕，拖曳选区图像到"7-鲜果背景.jpg"图片中，将图层命名为"橙子3"，并调整到"瓶下"图层的下一层。按快捷键Ctrl+T，调整图像的大小和位置，如图4-114所示，按Enter键确认。

图4-114

㉜ 执行"图像 > 调整 > 曲线"命令，打开"曲线"对话框，在曲线上单击添加控制点，并调整曲线，如图4-115所示。

㉝ 单击"确定"按钮，调整"曲线"后的橙子图片效果如图4-116所示。

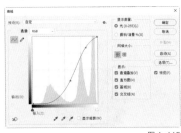

图4-115

图4-116

㉞ 按住Ctrl键，单击"瓶下"图层的缩览图，载入图像的外轮廓选区，如图4-117所示。

㉟ 执行"选择 > 修改 > 羽化"命令，打开"羽化选区"

对话框，设置"羽化半径"为20像素，如图4-118所示，单击"确定"按钮。

图4-117

图4-118

㊱ 在"瓶下"图层的下一层新建图层，并将其命名为"瓶下阴影"，设置"不透明度"为80%，如图4-119所示。

㊲ 设置前景色为黑色，按快捷键Alt+Delete，填充选区，并按快捷键Ctrl+D取消选区。按快捷键Ctrl+T，调整图像的大小和位置，如图4-120所示，按Enter键确认。

图4-119

图4-120

㊳ 选择"橡皮擦工具" ▱，使用"柔角30"画笔，设置"大小"为300像素，擦除瓶下的阴影边缘部分，如图4-121所示。

图4-121

㊴ 打开"10-果汁.tif"图片，如图4-122所示。

㊵ 选择"多边形套索工具" ▱，在图像中绘制选区，如图4-123所示。

图 4-122　　　　　　　　　　图 4-123

㊶ 选择"移动工具" ⊕.，拖曳选区图像到"7- 鲜果背景 .jpg"图片中，将图层命名为"果汁 1"，并调整到"瓶盖阴影"图层的下一层，设置"不透明度"为 80%。按快捷键 Ctrl+T，调整图像的大小和位置，如图 4-124 所示，按 Enter 键确认。

图 4-124

㊷ 选择"10-果汁 .tif"图片，使用"多边形套索工具" ⊅.，在图像中绘制选区，如图 4-125 所示。

图 4-125

㊸ 选择"移动工具" ⊕.，拖曳选区图像到"7- 鲜果背景 .jpg"图片中，将图层命名为"果汁 2"，并调整到"瓶中阴影"图层的下一层，设置"不透明度"为 80%。按快捷键 Ctrl+T，调整图像的大小和位置，如图 4-126 所示，按 Enter 键确认。

图 4-126

㊹ 选择"10-果汁.tif"图片，使用"多边形套索工具" ⊅.，在图像中绘制选区，如图 4-127 所示。

图 4-127

㊺ 选择"移动工具" ⊕.，拖曳选区图像到"7- 鲜果背景 .jpg"图片中，将图层命名为"果汁 3"，并调整到"瓶下阴影"图层的下一层，设置"不透明度"为 80%。按快捷键 Ctrl+T，调整图像的大小和位置，如图 4-128 所示，按 Enter 键确认。

图 4-128

㊻ 选择"横排文字工具" Ｔ.，设置前景色为白色，输入文字，如图 4-129 所示。

图 4-129

㊼ 双击文字图层，打开"图层样式"对话框，勾选"描边"复选框，设置"大小"为 11 像素，"不透明度"为 70%，"颜色"为绿色（R:16，G:133，B:3），如图 4-130 所示。

图 4-130

48 勾选"内发光"复选框，设置"颜色"为灰色（R:141，G:141，B:141），"不透明度"为22%，如图4-131所示，单击"确定"按钮 确定 。

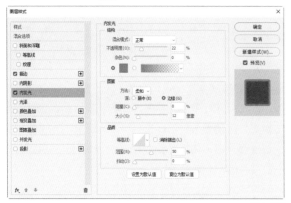

图4-131

49 为文字添加"描边"和"内发光"图层样式，效果如图4-132所示。

图4-132

50 新建图层并将其命名为"装饰条"，选择"钢笔工具" ⌀ ，在图像中绘制路径，如图4-133所示。

图4-133

51 按快捷键Ctrl+Enter，将绘制的路径转换为选区。设置前景色为绿色（R:87，G:164，B:27），按快捷键Alt+Delete，填充选区，如图4-134所示，按快捷键Ctrl+D取消选区。

图4-134

52 选择"横排文字工具" T. ，分别输入广告文字，如图4-135所示。

图4-135

53 新建图层并将其命名为"矩形条"，设置前景色为绿色（R:87，G:164，B:27），选择"矩形选框工具" □. ，绘制矩形选区，按快捷键Alt+Delete，填充选区，如图4-136所示，按快捷键Ctrl+D取消选区。

图4-136

54 选择"钢笔工具" ⌀. ，在绿色矩形中绘制路径，如图4-137所示。

图4-137

55 新建"图层1"图层，按快捷键Ctrl+Enter，将绘制的路径转换为选区。设置前景色为白色，按快捷键Alt+Delete，填充选区，如图4-138所示，按快捷键Ctrl+D取消选区。

56 按快捷键Ctrl+J，复制图形到"图层1 拷贝"图层中。选择"移动工具" ⊹. ，按住Shift键，向右平行移动图形，如图4-139所示。

图4-138　　　　　　　　　　　图4-139

57 选择"横排文字工具" T. ，分别输入文字，如图4-140所示。

图4-140

4.2 淘宝商品效果展示

淘宝商品的效果展示设计就是对商品的功能进行剖析，放大效果进行展示，让顾客对商品有直观的感受。在为商品图片添加效果时，需要注意图文之间的关系，商品与背景之间的关系，以及商品的功能展示和文字之间的关系。

在拍摄商品的过程中，有些商品无法用相机拍出设计想达到的视觉效果，如显示器和电视机类产品的创意效果，此时就需要淘宝美工运用一些绚丽的图片对屏幕进行合成，也可以制作一些具有视觉冲击力的合成效果来吸引顾客的关注。

实战：电视机商品美化展示

素材位置　素材文件>CH04>19-宇宙.jpg、20-电视机.tif、21-太空.jpg、22-宇航员.jpg、23-手臂.tif

实例位置　实例文件>CH04>实战：电视机商品美化展示.psd

视频名称　实战：电视机商品美化展示.mp4

实用指数　★★★★☆

技术掌握　掌握美化商品的方法

美化电视机商品后的效果如图4-141所示。

图4-141

❶ 打开"素材文件\CH04\19-宇宙.jpg"图片，如图4-142所示。

❷ 打开"20-电视机.tif"图片，如图4-143所示。

图4-142　　　　图4-143

❸ 选择"移动工具"⊕.，拖曳电视机图像到"19-宇宙.jpg"图片中，并按快捷键Ctrl+T，调整图像的大小和位置，如图4-144所示，按Enter键确认。

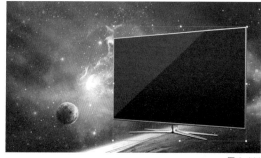

图4-144

❹ 打开"21-太空.jpg"图片，如图4-145所示。

图4-145

❺ 选择"移动工具"⊕.，拖曳太空图像到"19-宇宙.jpg"图片中，如图4-146所示。

❻ 在"图层"面板中将太空图像的图层命名为"太空"，单击该图层的"指示图层可见性"按钮◉，隐藏太空图像，选择"电视机"图层，如图4-147所示。

图4-146

图4-147

⑦ 选择"快速选择工具" ✎，在电视机的屏幕图像上拖曳鼠标建立选区，选取电视机屏幕区域，如图 4-148 所示。

⑧ 选择"太空"图层，单击"指示图层可见性"按钮 ●，显示太空图像。单击"图层"面板下方的"添加图层蒙版"按钮 ▢，为图层添加选区蒙版，单击"指示图层蒙版链接到图层"按钮 ⑧，取消蒙版链接，选择"太空"图层的缩览图，如图 4-149 所示。

图 4-148　　　　　　　图 4-149

⑨ 按快捷键 Ctrl+T，打开"自由变换"调节框，在调节框中单击鼠标右键，在弹出的快捷菜单中选择"水平翻转"命令，水平翻转图像并调整图像的大小和位置，如图 4-150 所示，按 Enter 键确认。

图 4-150

⑩ 打开"22- 宇航员 .jpg"图片，如图 4-151 所示。

图 4-151

⑪ 选择"移动工具" ✛，拖曳宇航员图像到"19- 宇宙.jpg"图片中，将图层命名为"宇航员"，如图 4-152 所示。

图 4-152

⑫ 按住 Ctrl 键，单击"太空"图层蒙版的缩览图，载入图像外轮廓选区，如图 4-153 所示。

图 4-153

⑬ 单击"图层"面板下方的"添加图层蒙版"按钮 ▢，为"宇航员"图层添加选区蒙版，并单击"指示图层蒙版链接到图层"按钮 ⑧，取消蒙版链接，选择"宇航员"图层的缩览图，如图 4-154 所示。

图 4-154

⑭ 按快捷键 Ctrl+T，打开"自由变换"调节框，在调节框中单击鼠标右键，在弹出的快捷菜单中选择"水平翻转"命令，水平翻转图像并调整图像的大小和旋转角度，如图 4-155 所示，按 Enter 键确认。

图 4-155

⑮ 选择"宇航员"图层蒙版的缩览图，使用"画笔工具" ✎，设置画笔样式为"尖角 123"，"大小"为 175 像素，前景色为白色，涂抹出宇航员的两只手臂，如图 4-156 所示。

> 提示
>
> 在此用"画笔工具" ✎涂抹宇航员的两只手臂，主要是为了更好地抠取图像和观察画面的合成效果。

图 4-156

⑯ 选择"宇航员"图层的缩览图，使用"磁性套索工具"，在宇航员的外轮廓边缘拖曳鼠标并建立节点，绘制宇航员的外轮廓选区，如图 4-157 所示。

图 4-157

⑰ 选择"宇航员"图层的蒙版缩览图，按快捷键 Ctrl+Shift+I，反选选区，设置前景色为黑色，按快捷键 Alt+Delete，在蒙版中填充选区，效果如图 4-158 所示，按快捷键 Ctrl+D 取消选区。

图 4-158

⑱ 按住 Ctrl 键，单击"太空"图层的蒙版缩览图，载入图像外轮廓选区，如图 4-159 所示。

图 4-159

⑲ 选择"宇航员"图层的蒙版缩览图，使用"画笔工具"，设置画笔样式为"尖角 123"，"大小"为 175 像素，前景色为白色，在选区中宇航员的底部位置涂抹，如图 4-160 所示。

图 4-160

⑳ 按快捷键 Ctrl+Shift+I，反选选区，设置前景色为黑色，使用"画笔工具"，在宇航员手臂多余的部分涂抹，效果如图 4-161 所示，按快捷键 Ctrl+D 取消选区。

图 4-161

> **提示**
>
> 注意，在使用"画笔工具"涂抹宇航员手臂多余的部分时，不要将宇航员的手指部分涂抹掉，否则会影响整体的视觉效果。

㉑ 选择"宇航员"图层的缩览图，执行"图像 > 调整 > 曲线"命令，打开"曲线"对话框，在曲线上单击添加控制点，并调整曲线，如图 4-162 所示。

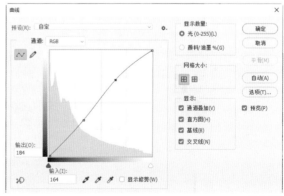

图 4-162

㉒ 单击"确定"按钮，调整后的宇航员图像效果如图 4-163 所示。

图 4-163

㉓ 打开"23-手臂.tif"素材图片,如图 4-164 所示。

图 4-164

㉔ 选择"移动工具" ⊕.,拖曳手臂图像到"19-宇宙.jpg"图片中,并按快捷键 Ctrl+T,调整图像的大小和位置,以及旋转角度,如图 4-165 所示,按 Enter 键确认。

图 4-165

㉕ 单击"图层"面板下方的"创建新的填充或调整图层"按钮 ⊘.,在弹出的快捷菜单中选择"曲线"命令,并在"属性"面板中调整曲线,如图 4-166 所示。

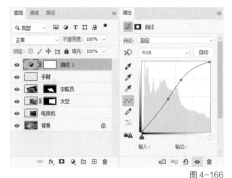

图 4-166

㉖ 调整曲线后,图像的整体色调效果如图 4-167 所示。

图 4-167

㉗ 选择"横排文字工具" T.,设置前景色为白色,输入广告文字,如图 4-168 所示。

图 4-168

淘宝美工
全能一本通

第 5 章

修饰淘宝
商品主图

5.1 如何拍摄商品图片

在网店装修中，优秀的展示图是吸引顾客浏览商品，并使其产生购买欲望的重要因素，要尽量将店铺最好的一面呈现给顾客。下面对拍摄商品图片的方法进行详细的说明。

拍摄商品图片要遵循 3 个原则。

要素 1：主题明确。根据店铺的活动主题选择装饰元素，如年底电商节日选择冬季雪花、麋鹿和圣诞树等装饰元素，以活跃整个店铺的气氛，如图 5-1 所示。

图 5-1

要素 2：画面简洁，商品一目了然。在拍摄商品时，画面中主要以商品为主，装饰物为辅，如图 5-2 所示。

图 5-2

要素 3：把注意力集中到被拍摄的商品上。拍摄商品时，要将注意力集中在商品上，将其最好的一面拍摄出来，如图 5-3 所示。

图 5-3

商品图片有 4 个特点。

特点 1：出色的构图。出色的构图能给人眼前一亮的感觉，如图 5-4 所示。

图 5-4

特点 2：独特的光感与颜色。不同的商品需要采用不同的拍摄方式，如在拍摄饰品时，突出高光和暗沉的背景，更显商品的独特质感，如图 5-5 所示。

图 5-5

特点 3：清晰的像素。为了让顾客对商品有直观的了解，在淘宝店铺中，对展示图片的清晰度有很高的要求，如图 5-6 所示。

图 5-6

特点 4：优美的细节展示。在淘宝店铺中，顾客看到的商品只是一张图片，对商品本身并不了解，这时就需要将商品的质感和细节表现出来，如图 5-7 所示。

图 5-7

5.2 商品主图的尺寸规范

商品主图是顾客接触店铺商品信息的第一视觉入口，只有主图吸引顾客，才能更好地激起顾客的购买欲望，从而想要进一步了解该商品信息。

淘宝商品主图的标准尺寸是 310 像素 ×310 像素，如图 5-8 所示。800 像素 ×800 像素以上的图片用于商品详情展示，可以放大或缩小图片，以查看细节，如图 5-9 所示。

图 5-8　　　　　　　　　　　　　　　　　　　　图 5-9

| 提示 |

在上传主图时，至少上传一张，而且图像大小不能超过 500KB。
有些店铺的主图放大之后不清晰，这是因为上传的商品图片比例过小或过大。

5.3 商品图片常见问题

网上店铺与传统实体店铺最大的区别在于，网上店铺并没有实物可供顾客实际感受与挑选，顾客仅仅通过图片来观察商品细节，从而进行交易。因此，美工要清楚地知道商品图片容易出现问题的地方，在拍摄过程中多注意细节，避免出现拍摄问题。下面总结了 5 种商品图片常见的问题。

第 1 种：商品图片有瑕疵。

在拍摄过程中，商品会受到环境的影响，照片会存在一些小瑕疵。例如，背光拍摄镜面商品，常常会出现拍摄者的身影，或者出现环境色的反光，如图 5-10 所示。

图 5-10

第 2 种：构图不协调。

在拍摄过程中，构图非常重要。如果主次不分明，背景衬托物和装饰物使用不当，商品摆放有问题，那么拍摄出来的商品图片就不能准确地传达信息。如图 5-11 所示，一眼看过去并不知道销售的是食物还是餐具。

图 5-11

第 3 种：主题不明确。

每次拍摄要有明确的主题，什么样的店铺需要做什么样的促销活动。例如，七夕节商品促销活动，可以布置一些能烘托七夕节气氛的辅助物，如图 5-12 所示。

图 5-12

第 4 种：商品清晰度差。

拍摄的照片模糊不清，商品的细节无法展现出来，缺乏质感，如图 5-13 所示。

图 5-13

第 5 种：颜色失真。

拍摄商品时，由于受到天气和环境的影响，图片的颜色往往不理想，会有一定的色彩偏差，如图 5-14 所示。

图 5-14

5.4 图片的修复技法

如果对拍摄出来的商品图片不满意，或者想让自己的商品图片更加突出，这时就可以使用 Photoshop 对图片进行微调修复。

5.4.1　修补商品瑕疵

　　商品图片上通常会有污点或反光等瑕疵，以致影响商品的美观度，这时就可以使用"污点修复画笔工具"  修补污点等瑕疵。

实战：用"污点修复画笔工具"去除膏体瑕疵

素材位置　素材文件>CH05>1-护肤品.jpg
实例位置　实例文件>CH05>实战：用"污点修复画笔工具"去除膏体瑕疵.psd
视频名称　实战：用"污点修复画笔工具"去除膏体瑕疵.mp4
实用指数　★★★☆☆
技术掌握　掌握"污点修复画笔工具"的使用方法

　　去除商品瑕疵后的最终效果如图5-15所示。

图5-15

❶ 按快捷键Ctrl+O，打开"素材文件\CH05\1-护肤品.jpg"图片，如图5-16所示。

图5-16

❷ 选择"污点修复画笔工具" ，在污点上涂抹，如图5-17所示。

图5-17

❸ 使用同样的方法，分别在护肤品的反光位置涂抹，如图5-18所示。

图5-18

❹ 通过以上处理可快速去除污点和反光，如图5-19所示。

图5-19

5.4.2　商品清晰化

　　不同的商品有不同的展示效果。例如，珠宝类商品要突出商品材质的高光质感，那么灯光效果是必不可少的。另外，珠宝细节要足够清晰，这就需要使用"锐化工具" △.微调饰品的清晰度。

实战：用"锐化工具"让图像更清晰

素材位置　素材文件>CH05>2-手链.jpg
实例位置　实例文件>CH05>实战：用"锐化工具"让图像更清晰.psd
视频名称　实战：用"锐化工具"让图像更清晰.mp4
实用指数　★★☆☆☆
技术掌握　掌握"锐化工具"的使用方法

　　调整手链清晰度后的效果如图5-20所示。

图5-20

❶ 按快捷键Ctrl+O，打开"素材文件\CH05\2-手链.jpg"图片，如图5-21所示。

图5-21

❷ 选择"锐化工具" △，在珠宝上涂抹，适当地增强手链的清晰度，如图 5-22 所示。

图 5-22

5.4.3 去除商品的遮挡物

当商品图片不够完美或者图片上有东西遮住了商品的局部，从而影响商品的展示时，需要用一些修复工具对商品进行修复，让商品完整呈现。下面的实战主要讲解去除杧果商标的方法，对于类似的其他商品修复也可以使用此方法。

实战：用"修补工具"去除商品的遮挡物

素材位置　素材文件>CH05>3-杧果.jpg
实例位置　实例文件>CH05>实战：用"修补工具"去除商品的遮挡物.psd
视频名称　实战：用"修补工具"去除商品的遮挡物.mp4
实用指数　★★★☆☆
技术掌握　掌握"修补工具"的使用方法

去除遮挡物后的杧果效果如图 5-23 所示。

图 5-23

❶ 按快捷键 Ctrl+O，打开"素材文件\CH05\3-杧果.jpg"图片，如图 5-24 所示。

图 5-24

❷ 选择"修补工具" ⬚，在杧果的商标位置绘制选区，如图 5-25 所示。

图 5-25

❸ 拖曳选区图像到较为接近的色调区域，将根据选区边缘色调自动调节，如图 5-26 所示，按快捷键 Ctrl+D 取消选区。

图 5-26

5.4.4 去除商品水印

在店铺设计中，有时会遇到有 Logo 或水印的商品图片，在制作网页时不可以直接使用，此时需要通过 Photoshop 去除 Logo 或水印，且不影响商品的完整性。下面讲解使用"仿制图章工具" ⬚去除水印的方法。

实战：用"仿制图章工具"去除化妆包水印

素材位置　素材文件>CH05>5-化妆包.jpg
实例位置　实例文件>CH05>实战：用"仿制图章工具"去除化妆包水印.psd
视频名称　实战：用"仿制图章工具"去除化妆包水印.mp4
实用指数　★★☆☆☆
技术掌握　掌握"仿制图章工具"的使用方法

化妆包去除水印后的效果如图 5-27 所示。

图 5-27

① 按快捷键 Ctrl+O,打开"素材文件\CH05\5一化妆包.jpg"图片，如图 5-28 所示。

图 5-28

② 选择"仿制图章工具" ，在与水印相似的图像位置按住 Alt 键并单击，确定仿制的取样起点位置，如图 5-29 所示。

图 5-29

③ 松开 Alt 键，在水印位置涂抹，去除效果如图 5-30 所示。

图 5-30

④ 在化妆包十字交叉纹理位置按住 Alt 键并单击，确定仿制的取样起点位置，如图 5-31 所示。

图 5-31

提示

使用"仿制图章工具" 时，要根据图像中水印的位置来确定取样起点位置。细节部分可以放大图像后进行仿制处理，并根据需要来调节画笔的大小。由于照片中的化妆包有网格纹理，因此在去除水印时一定要注意寻找一个可参照的位置作为取样起点，在仿制时也从水印区域的十字交叉点进行涂抹，这样仿制的图像才不会混乱、失真。

⑤ 在水印下方的十字交叉位置按住鼠标左键拖曳，完成效果如图 5-32 所示。

图 5-32

举一反三：去除水杯上的水印

去除商品图片上的水印的方法有很多种，需要根据图片上水印的位置采用适合的方法。例如，本案例中水印的位置在水杯花纹与背景之间，背景上的水印是纯色的，相对比较简单，水杯上的水印有花纹和线条图案，在去除时相对复杂一些。下面详细讲解此类图片水印的去除方法。

素材位置　素材文件>CH05>6-水杯.jpg
实例位置　实例文件>CH05>举一反三：去除水杯上的水印.psd
视频名称　举一反三：去除水杯上的水印.mp4
实用指数　★★☆☆☆
技术掌握　掌握"仿制图章工具"的使用方法

去除商品水印的效果如图 5-33 所示。

图 5-33

① 按快捷键 Ctrl+O，打开"素材文件 \CH05\6-水杯.jpg"图片，如图 5-34 所示。

图 5-34

② 放大图像，选择"磁性套索工具" ，沿着水杯上的线条边缘移动鼠标，绘制水印图案选区，如图 5-35 所示。

图 5-35

③ 选择"仿制图章工具" ，在与选区相似的图像位置按住 Alt 键取样。松开 Alt 键，在选区中的水印位置涂抹，去除后的效果如图 5-36 所示，按快捷键 Ctrl+D 取消选区。

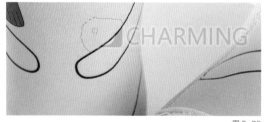

图 5-36

提示

使用"仿制图章工具" 时，可以根据图像的不同位置多次进行取样。按快捷键 Ctrl+H，可以显示或隐藏选区，隐藏选区后进行处理比较直观。

---

④ 选择"磁性套索工具" ，绘制水印图案选区，如图 5-37 所示。

图 5-37

⑤ 选择"仿制图章工具" ，去除选区中的水印，效果如图 5-38 所示，按快捷键 Ctrl+D 取消选区。

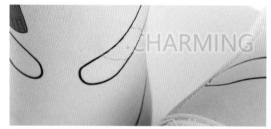

图 5-38

⑥ 使用同样的方法，分别去除其他水印图案，最终效果如图 5-39 所示。

图 5-39

5.4.5　补全商品图片

　　如果拍摄的商品不完整，则会影响商品的展示效果，无法让顾客完整地了解该商品，导致顾客的流失和交易量下降。下面讲解如何使用"内容识别填充"命令修补不完整的商品图片。

实战：用"内容识别填充"补全玉器

素材位置　素材文件>CH05>7-玉器.jpg

实例位置　实例文件>CH05>实战：用"内容识别填充"补全玉器.psd

视频名称　实战：用"内容识别填充"补全玉器.mp4

实用指数　★★☆☆☆

技术掌握　掌握补全残缺物品的方法

补全残缺的玉器效果如图 5-40 所示。

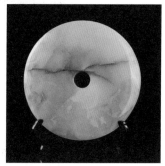

图 5-40

❶ 按快捷键 Ctrl+O，打开"素材文件 \CH05\7-玉器.jpg"素材图片，如图 5-41 所示。

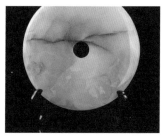

图 5-41

❷ 执行"图像 > 画布大小"命令，打开"画布大小"对话框，单击"定位"中的向下箭头，并设置"高度"为 15 厘米，如图 5-42 所示，单击"确定"按钮 确定 。

图 5-42

❸ 选择"矩形选框工具" □ ，在图片的空白区域绘制矩形选区，如图 5-43 所示。

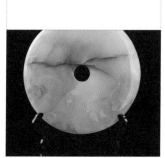

图 5-43

❹ 执行"编辑 > 内容识别填充"命令，进入"内容识别填充"界面，设置"不透明度"为 50%，在"输出到"下拉列表中选择"新建图层"，如图 5-44 所示。

图 5-44

❺ 选择"取样画笔工具" ✎ ，在选项栏中单击"添加到叠加区域"按钮 ⊕ ，在图像中涂抹，取样区域如图 5-45 所示。

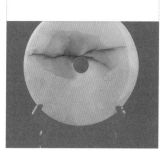

图 5-45

> 提示
>
> 在"内容识别填充"界面中，绿色半透明部分表示取样的图像，空白选区内容会根据取样的区域进行填充，此步骤是为了让填充的图像多包含一些玉的花纹。

❻ 单击"确定"按钮 确定 ，填充后的图像如图 5-46 所示，按快捷键 Ctrl+D 取消选区。

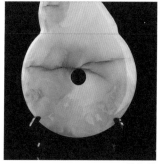

图 5-46

❼ 选择"椭圆选框工具" ○ ，按住 Shift 键绘制圆形选区。执行"选择 > 变换选区"命令，打开"变换选区"调节框，调整选区的大小和位置，选取玉的轮廓，如图 5-47 所示，按 Enter 键确认。

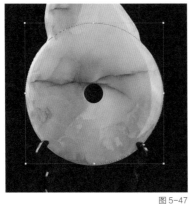

图 5-47

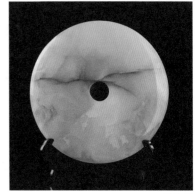

图 5-48

⑧ 按快捷键 Ctrl+Shift+I，反选选区，设置前景色为黑色，选择"画笔工具" ✓，在选区中去掉多余的部分，最终效果如图 5-48 所示。

5.5　图片的修饰技法

　　处理好基本问题后，为了增强图片的品质，还需要对图片进行更多的编辑，让商品图片在店铺展示中给顾客留下更好的印象。下面讲解如何修饰商品图片。

5.5.1　添加图片水印

　　为了有效防止图片被滥用和盗用，可以使用店铺的名称来制作独家水印，添加水印的商品图片在一定程度上能起到修饰、美化和宣传的作用，同时也不会影响商品的展示。

实战：为毛巾图片添加水印

素材位置　素材文件>CH05>8-毛巾.jpg
实例位置　实例文件>CH05>实战：为毛巾图片添加水印.psd
视频名称　实战：为毛巾图片添加水印.mp4
实用指数　★★★☆☆
技术掌握　掌握图层样式的设置方法

　　为商品添加水印后的效果如图 5-49 所示。

图 5-49

① 按快捷键 Ctrl+O，打开"素材文件 \CH05\8-毛巾.jpg"图片，如图 5-50 所示。

图 5-50

② 选择"横排文字工具" T，输入文字，并调整文字的大小和位置，如图 5-51 所示。

图 5-51

❸ 在"图层"面板中双击文字图层，打开"图层样式"对话框，勾选"描边"复选框，设置"大小"为 6 像素，"不透明度"为 100%，"颜色"为白色，如图 5-52 所示。

图 5-52

❹ 勾选"投影"复选框，设置"不透明度"为 100%，"距离"为 7 像素，"扩展"为 30%，"大小"为 13 像素，如图 5-53 所示，单击"确定"按钮（确定）。

图 5-53

❺ 在"图层"面板中，设置水印文字图层的"不透明度"为 20%，如图 5-54 所示。

图 5-54

5.5.2 突出商品模糊背景

在展示商品的时候，如果背景和主体都同样清晰，则会主次不分，因此通常虚化前景或背景，与主体形成虚实对比。

模糊商品背景后的效果如图 5-55 所示。

图 5-55

❶ 按快捷键 Ctrl+O，打开"素材文件 \CH05\9-茶杯.jpg"图片，如图 5-56 所示。

图 5-56

❷ 选择"磁性套索工具"，沿着茶杯的边缘移动鼠标，绘制商品外轮廓选区，如图 5-57 所示。

图 5-57

❸ 按快捷键 Ctrl+Shift+I, 反选选区, 选择 "模糊工具" $\triangle$., 在图像的背景区域涂抹, 如图 5-58 所示, 按快捷键 Ctrl+D 取消选区。

图 5-58

| 提示 |

"滤镜" 菜单的 "模糊" 命令中有很多种模糊方式, 在制作店铺页面时, 可根据不同的设计采用不同的模糊方式。

淘宝美工
全能一本通

第 6 章

淘宝商品
文字设计

学习重点　　　　　文字设计注意事项　|　制作标题文字　|　淘宝常用文字设计方法及效果

文字是大部分设计作品中不可或缺的重要元素，不管是在店铺装修还是商品促销中，文字的应用都是非常广泛的。编排设计文字，不但能够有效地表现活动的主题，还可以美化商品。

6.1.1 文字设计的基本原则

文字是淘宝店铺装修的重要组成部分，在视觉媒体中，文字和商品图片是两大构成要素。文字排列组合的好坏，会直接影响版面视觉传达效果的好坏，从而影响店铺的浏览量，间接影响店铺的交易量。因此，在设计文字时需要遵循以下 4 个原则。

1. 视觉美感

在视觉传达中，文字是画面的形象要素之一。在淘宝店铺装修中，文字具有传达感情的功能，因此它必须具备视觉上的美感，给人以美的感受。文字是由横、竖、点和圆弧等组合而成的，在结构的安排和线条的搭配上，协调笔画与笔画、字与字之间的关系，强调节奏与韵律，创造出富有表现力和感染力的设计，把内容准确、鲜明地传达给顾客，是文字设计的重要课题。文字设计效果如图 6-1 所示。

图 6-1

2. 可识别性

文字引人注目的功能是在视觉上向消费者传达信息，因此必须考虑文字的整体效果，设计出来的文字应给人清晰的视觉印象，如图 6-2 所示。

图 6-2

3. 个性

根据店铺的风格，突出文字设计的个性，创造与众不同的字体，给人别开生面的视觉感受，这将有利于建立店铺良好的形象，如图 6-3 所示。因此，设计时要避免繁杂零乱，减去不必要的装饰变化，让人易认、易懂、易记。如果在设计中不遵循这一原则，单纯追求视觉效果，则文字将失去其基本功能。

图 6-3

4. 适合性

文字设计的目的在于突出主题，且文字设计应与内容相吻合，不能与主题的表达背道而驰。尤其是在淘宝店铺的文字设计上，更应该注意每个标题、每个商品品牌都是有其自身含义的，将它们准确地传达给顾客是文字设计的主要目的。

根据文字字体的特性和使用类型，文字的设计风格大致可以分为以下 4 种。

● 秀丽柔美

这类字体优美清新，线条流畅，给人华丽、柔美之感，适用于女性类化妆品和饰品等主题，如图6-4所示。

图6-4

● 稳重挺拔

这类字体造型规整，富有力度，给人以简洁、爽朗的现代感，有较强的视觉冲击力，适用于男性用品、机械和科技等主题，如图6-5所示。

图6-5

● 活泼有趣

这类字体造型生动活泼，有鲜明的节奏韵律感，色彩丰富明快，给人以生机盎然的感受，适用于儿童用品、运动休闲或时尚产品等主题，如图6-6所示。

图6-6

● 苍劲古朴

这类字体朴素，饱含古之风韵，给人一种怀旧的感觉，适用于传统类产品或民间艺术品等主题，如图6-7所示。

图6-7

6.1.2 文字设计的基本要求

在淘宝店铺装修中，文字和商品的排列组合形式会直接影响店铺的浏览量。在文字设计方面要遵循一定的要求，让店铺的整体文本效果统一，形成一种视觉上的美感。

1. 整体风格的统一

一个淘宝店铺必须具有统一的字体形态规范，这是淘宝店铺字体设计非常重要的原则。在设计文字时，只有字的外部形态有了鲜明的统一感，才能保证字体在视觉表现方面具有可识别性和吸引力，如图6-8所示。

图6-8

2. 笔画的统一

文字的笔画和粗细要有统一的规格和比例，同一字内和不同字间的笔画粗细和形式应该统一，变化不能过多，以免丧失了整体的均衡感，如图6-9所示。

图6-9

3. 方向的统一

方向上的统一在字体设计中有两层含义：一是字体自身的斜笔画处理，每个字的斜笔画都要处理成统一的斜度，以加强统一感；二是为了制造一组字体的动感，往往对一组字体进行统一方向的斜置，如图6-10所示。

图 6-10

4. 空间的统一

字体的统一不能只看其形式、笔画粗细和斜度的一致，统一所产生的美感往往还由字体笔画空隙的均衡来决定，也就是对笔画的空间做均衡的分配。空间的统一是保持字体紧凑、有力、形态美观的重要因素，如图6-11所示。

图 6-11

6.1.3 文字设计流程

● 设计定位

正确的设计定位是文字设计的第一步，它来自对相关资料的收集与分析。在此阶段要考虑文字传递的是何种信息，向顾客传达何种印象，是为了传递信息还是增加趣味，或者二者兼有，在何处展示和使用，以及文字的形态、大小和表现手法等。

● 创意草图

一旦有了创意想法，要先用草图形式记录下来，通过这种方法对创意所需要的表现形式进行判断。

● 方案深入

一开始的创意未必是最满意的设计，此时可以设计第二或第三方案，每一种方案的设计都需要深入下去。然后将设计作品在软件中演绎一下，可能会得到一种意想不到的效果。

● 提炼整合

选择设计中最合适的部分，做进一步的修改，以提炼出最佳方案。

● 修改完成

整理出最后的设计方案，使用设计软件加工，注意要全面考虑文字的形态、大小、粗细、色彩、纹样、肌理，以及整体文字的编排，从而达到预期的效果。

6.2 标题展示技法

在淘宝店铺装修中，标题的展示非常重要，好的标题既可以体现整个店铺的风格，又可以增加浏览量和交易量。

6.2.1 横排法

标题展示法中的横排法就是将标题横向排版，这是一种常用的方法，可以将店铺信息直观地传达给顾客，如图6-12所示。

图 6-12

6.2.2 竖排法

竖排法是将标题竖向排放，多用于古风、复古、森女系等风格的店铺，如图 6-13 所示。

图 6-13

6.2.3 适合路径法

适合路径法是根据商品图片的结构和店铺的整体风格，选择合适的路径进行排版，使店铺的标题变得个性十足，如图 6-14 所示。

图 6-14

6.2.4 错落法

错落法是将标题文字设置不同的大小并对其进行错落摆放。错落排列的标题给人的感觉比较独特，可以活跃整个店铺的气氛，如图 6-15 所示。

图 6-15

6.2.5 动态法

在标题文字设计中，运用动态法可使文字具有视觉冲击力，如图 6-16 所示。

图 6-16

实战：制作文字形状路径

素材位置　素材文件>CH06>2-特价背景.jpg
实例位置　实例文件>CH06>实战：制作文字形状路径.psd
视频名称　实战：制作文字形状路径.mp4
实用指数　★★★★☆
技术掌握　掌握制作文字形状路径的方法

制作标题文字后的最终效果如图 6-17 所示。

图 6-17

❶ 新建文档，将其命名为"制作文字形状路径"，设置"宽度"和"高度"分别为 1920 像素，"分辨率"为 72 像素／英寸，参数设置如图 6-18 所示，单击"创建"按钮。

图 6-18

❷ 选择"横排文字工具" T.，输入"特价秒杀"文字，如图 6-19 所示。

图 6-19

❸ 在文字图层上单击鼠标右键，在弹出的快捷菜单中选择"转换为形状"命令，将文字格式转换为形状路径，如图 6-20 所示。

图 6-20

❹ 选择"钢笔工具" ⌀.，按住 Ctrl 键或 Alt 键，调整文字锚点，改变文字的形状，如图 6-21 所示。

图 6-21

| 提示 |

使用"钢笔工具" ⌀.调整文字形状时，可以根据实际需要添加或删除锚点，也可以按住 Alt 键转换锚点。

❺ 使用"钢笔工具" ⌀.，调整"特"文字的形状路径，如图 6-22 所示。

图 6-22

❻ 运用相同的方法，分别调整其他文字的形状路径，如图 6-23 所示。

图 6-23

❼ 在文字形状路径图层上单击鼠标右键，在弹出的快捷菜单中选择"栅格化图层"命令，将文字形状路径转换为普通图层，如图 6-24 所示。

图 6-24

❽ 按快捷键 Ctrl+O，打开"素材文件 \CH06\2-特价背景 .jpg"图片，如图 6-25 所示。

图 6-25

❾ 选择"移动工具" ⊕.，拖曳文字图像到"2- 特价背景 .jpg"文档中。按快捷键 Ctrl+T，调整文字的大小和位置，如图 6-26 所示，按 Enter 键确认。

图 6-26

❿ 在"图层"面板中单击文字图层的"锁定透明像素"按钮图，设置前景色为黄色（R:255，G:222，B:100），按快捷键 Alt+Delete，填充文字图形，如图 6-27 所示。

图 6-27

⓫ 在"图层"面板中双击文字图层，打开"图层样式"对话框，勾选"斜面和浮雕"复选框，设置"深度"为 337%，"大小"为 7 像素，其他参数设置如图 6-28 所示。

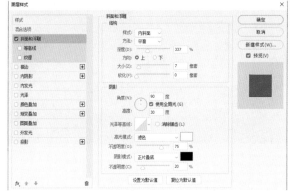

图 6-28

⑫ 勾选"描边"复选框，设置"颜色"为紫色（R:170，G:104，B:255），其他参数设置如图 6-29 所示。

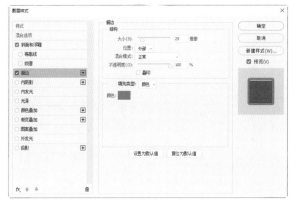

图 6-29

⑬ 单击"确定"按钮（确定），添加图层样式后的文字效果如图 6-30 所示。

图 6-30

⑭ 按住 Ctrl 键，单击文字图层的缩览图，载入文字图形外轮廓选区，如图 6-31 所示。

图 6-31

⑮ 执行"选择＞修改＞扩展"命令，打开"扩展选区"对话框，设置"扩展量"为 8 像素，如图 6-32 所示，单击"确定"按钮（确定）。

图 6-32

⑯ 打开"路径"面板，单击面板下方的"从选区生成工作路径"按钮◇，将选区转换为路径，如图 6-33 所示。

图 6-33

⑰ 选择"画笔工具"✔，单击选项栏中的"切换画笔设置面板"按钮☑，打开"画笔设置"面板，设置画笔样式为"尖角 123"，"大小"为 8 像素，"间距"为 150%，如图 6-34 所示。

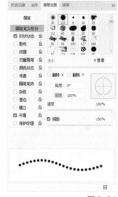

图 6-34

⑱ 新建"图层 1"，设置前景色为黄色（R:255，G:222，B:100），打开"路径"面板，单击面板下方的"用画笔描边路径"按钮○，画笔描边效果如图 6-35 所示。

图 6-35

> 提示
>
> 单击"路径"面板下方的"用画笔描边路径"按钮○时，一定要注意是在选择"画笔工具"✔的状态下进行的。

⑲ 在"路径"面板的空白区域单击,取消显示工作路径,最终效果如图 6-36 所示。

图 6-36

6.3 淘宝常用文字设计方法

在网店装修中,文字的表现与商品展示同等重要,它可以对商品、活动和服务等信息进行及时的说明和指引,并且通过对文字进行合理的设计编排,可以使文字传递的信息更加准确。

6.3.1 笔画相连

字体的风格形式多变,在淘宝店铺装修中,笔画相连的字体设计运用是比较常见的。下面就来讲解笔画相连的字体设计技法。

实战:笔画相连的字体设计

素材位置　素材文件>CH06>3-换季背景.jpg
实例位置　实例文件>CH06>实战:笔画相连的字体设计.psd
视频名称　实战:笔画相连的字体设计.mp4
实用指数　★★★☆☆
技术掌握　掌握笔画相连的制作技法

笔画相连的标题文字设计的最终效果如图 6-37 所示。

图 6-37

❶ 新建文档,将其命名为"笔画相连的字体设计",设置"宽度"为 23 厘米,"高度"为 10 厘米,"分辨率"为 150 像素 / 英寸,其他参数设置如图 6-38 所示,单击"创建"按钮。

❷ 选择"横排文字工具" T.,设置前景色为红色(R:247,G:76,B:69),输入"春季换新"文字,如图 6-39 所示。

图 6-38

春季换新

图 6-39

❸ 在文字图层上单击鼠标右键,在弹出的快捷菜单中选择"转换为形状"命令,将文字格式转换为形状路径,如图 6-40 所示。

图 6-40

❹ 选择"直接选择工具" ▷.,框选"春"字横笔画的两个锚点,并按住 Shift 键平行向左拖曳锚点,调整文字的形状,如图 6-41 所示。

> 提示
>
> 在选中"钢笔工具" ⌀.的状态下,直接按住 Ctrl 键,可将工具转换为"直接选择工具" ▷.,此时能选择和移动形状路径,松开 Ctrl 键后会还原为"钢笔工具" ⌀.。

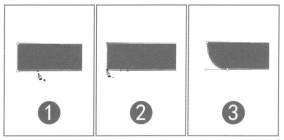

图 6-41

⑤ 选择"钢笔工具" ⵔ.，在"春"字的横笔画形状路径上单击，添加一个锚点，然后将鼠标指针移动到形状路径的左下角位置，当"钢笔工具" ⵔ.后缀变成减号时单击，即可减去形状路径的锚点，如图 6-42 所示。

![图 6-42]

① ② ③

图 6-42

⑥ 使用"钢笔工具" ⵔ.调整"春"文字的形状路径，如图 6-43 所示。

春季换新

图 6-43

⑦ 用"路径选择工具" ▶.选择"季"文字的形状路径，并移动其位置，如图 6-44 所示。

春季 换新

图 6-44

⑧ 用"路径选择工具" ▶.选择"换"文字的形状路径，并按快捷键 Ctrl+T，调整文字的大小和位置，如图 6-45 所示，按 Enter 键确认。

春季换 新

图 6-45

⑨ 选择"钢笔工具" ⵔ.，调整"换"文字的形状路径，如图 6-46 所示。

图 6-46

> **提示**
>
> 在使用"钢笔工具" ⵔ.调整"换"文字的形状路径时，可以选择锚点后按 Delete 键删除锚点，然后重新封闭形状路径的锚点。

⑩ 用"路径选择工具" ▶.选择"新"文字的形状路径，并移动其位置，如图 6-47 所示。

图 6-47

⑪ 选择"直接选择工具" ▶.，框选"季"字横笔画的两个锚点，并按住 Shift 键平行向右拖曳锚点，调整文字的形状笔画，使其与"新"字的笔画相连，效果如图 6-48 所示。

图 6-48

⑫ 选择"钢笔工具" ⵔ.，调整"新"文字的形状路径，效果如图 6-49 所示。

图 6-49

⑬ 按快捷键 Ctrl+O，打开"素材文件 \CH06\3-换季背景.jpg"图片，如图 6-50 所示。

![图 6-50]

图 6-50

⑭ 选择"移动工具" ⊕，拖曳文字形状路径到"3-换季背景.jpg"文档中，并调整文字的位置，如图 6-51 所示。

图 6-51

⑮ 在"图层"面板中双击文字形状图层，打开"图层样式"对话框，勾选"渐变叠加"复选框，单击"渐变"按钮 ，打开"渐变编辑器"对话框，设置"位置 0"的颜色为红色（R:236,G:113,B:83），"位置100"的颜色为绿色（R:88,G:150,B:129），单击"确定"按钮 确定 ，如图 6-52 所示。

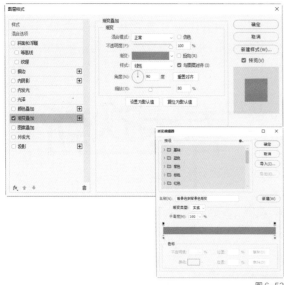

图 6-52

⑯ 单击"确定"按钮 确定 后，添加的渐变图层样式效果如图 6-53 所示。

图 6-53

⑰ 选择"钢笔工具" ∅，在"换"文字的位置绘制路径，如图 6-54 所示。

图 6-54

⑱ 新建"图层 1"，按快捷键 Ctrl+Enter，将绘制的路径转换为选区，设置前景色为玫红色（R:239,G:76,B:119），按快捷键 Alt+Delete 填充选区，如图 6-55 所示，按快捷键 Ctrl+D 取消选区。

图 6-55

⑲ 按快捷键 Ctrl+J，复制绘制的箭头图形，并按快捷键 Ctrl+T，打开"自由变换"调节框，在调节框中单击鼠标右键，在弹出的快捷菜单中选择"旋转 180 度"命令，调整图形的位置，如图 6-56 所示，按 Enter 键确认。

图 6-56

⑳ 在"图层"面板中单击拷贝图层的"锁定透明像素"按钮 ，设置前景色为绿色（R:50,G:135,B:106），并按快捷键 Alt+Delete 填充图形，如图 6-57 所示。

图 6-57

6.3.2 图形趣味

在淘宝店铺中，不同的商品需要搭配不同的字体。其中，趣味字体设计在店铺中运用得非常广泛。我们可以展开想象力，将文字与商品进行组合设计，以展现出标题文字独特的趣味效果。

实战：趣味字体设计

素材位置　素材文件>CH06>4-柚子背景.jpg
实例位置　实例文件>CH06>实战：趣味字体设计.psd
视频名称　实战：趣味字体设计.mp4
实用指数　★★★★★
技术掌握　掌握趣味字体的制作技法

趣味文字设计的最终效果如图 6-58 所示。

图 6-58

① 新建文档，并将其命名为"趣味字体设计"，设置"宽度"为 23 厘米，"高度"为 10 厘米，"分辨率"为 150 像素/英寸，如图 6-59 所示，单击"创建"按钮。

② 选择"横排文字工具" T.，设置前景色为粉红色（R:233，G:142，B:156），输入"柚子茶"文字，如图 6-60 所示。

图 6-59

图 6-60

③ 在文字图层上单击鼠标右键，在弹出的快捷菜单中选择"转换为形状"命令，将文字格式转换为形状路径，如图 6-61 所示。

图 6-61

④ 选择"钢笔工具" ⌀.，按住 Ctrl 键或 Alt 键调整文字锚点，改变文字的形状，如图 6-62 所示。

图 6-62

⑤ 选择"直接选择工具" ▸.，框选"柚"字笔画的 6 个锚点，并按 Delete 键，删除选择的锚点，形状路径如图 6-63 所示。

图 6-63

⑥ 选择"钢笔工具" ⌀.，在"柚"文字右侧断开的锚点上单击，然后在左侧的断开锚点上单击，连接文字的形状路径，如图 6-64 所示。

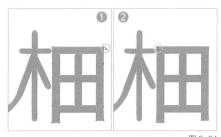

图 6-64

❼ 选择"直接选择工具" ▷.，框选"柚"字的两个锚点，如图 6-65 所示，按 Delete 键，删除选择的锚点。

❽ 选择"钢笔工具" ◊.，运用相同的方法，从左往右连接文字形状路径的锚点，如图 6-66 所示。

图 6-65   图 6-66

❾ 运用相同的方法，删除文字形状路径的锚点，并重新连接文字形状路径，如图 6-67 所示。

图 6-67

❿ 选择"钢笔工具" ◊.，在文字形状路径横线笔画锚点上添加两个锚点，如图 6-68 所示。

⓫ 运用相同的方法，使用"直接选择工具" ▷.，框选文字的锚点，按 Delete 键删除选择的锚点，并使用"钢笔工具" ◊.，分别从上往下重新连接锚点，如图 6-69 所示。

图 6-68   图 6-69

⓬ 选择"钢笔工具" ◊.，按住 Ctrl 键或 Alt 键，对文字锚点进行调整，改变文字的形状，如图 6-70 所示。

图 6-70

⓭ 在文字形状路径的下一层新建"图层 1"，设置前景色为黄色（R:240，G:210，B:50），选择"多边形套索工具" ▷.，绘制选区，并按快捷键 Alt+Delete，填充选区，如图 6-71 所示，按快捷键 Ctrl+D 取消选区。

图 6-71

⓮ 选择"钢笔工具" ◊.，绘制吸管路径，如图 6-72 所示。

⓯ 新建"图层 2"，按快捷键 Ctrl+Enter，将绘制的路径转换为选区，设置前景色为蓝绿色（R:100，G:222，B:209），并按快捷键 Alt+Delete，填充选区，如图 6-73 所示，按快捷键 Ctrl+D 取消选区。

图 6-72   图 6-73

⓰ 选择文字形状路径图层，选择"钢笔工具" ◊.，按住 Ctrl 键或 Alt 键，对"子"文字形状路径进行调整，改变文字的形状，如图 6-74 所示。

图 6-74

⓱ 选择"钢笔工具" ◊.，分别绘制路径，如图 6-75 所示。

图 6-75

⑱ 新建"图层3"，按快捷键Ctrl+Enter，将绘制的路径转换为选区，设置前景色为红色（R:233，G:104，B:120），并按快捷键Alt+Delete填充选区，如图6-76所示，按快捷键Ctrl+D取消选区。

图6-76

⑲ 在文字形状路径的下一层新建"图层4"，设置前景色为蓝绿色（R:100，G:222，B:209），选择"矩形选框工具"，绘制矩形选区，并按快捷键Alt+Delete填充选区，如图6-77所示，按快捷键Ctrl+D取消选区。

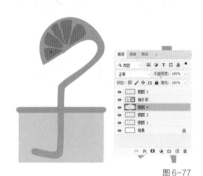
图6-77

⑳ 选择文字形状路径图层，选择"钢笔工具"，按住Ctrl键或Alt键，对"茶"文字形状路径进行调整，改变文字的形状，如图6-78所示。

㉑ 选择"钢笔工具"，绘制路径，如图6-79所示。

图6-78　　　　　　　　图6-79

㉒ 新建"图层5"，按快捷键Ctrl+Enter，将绘制的路径转换为选区，设置前景色为红色（R:254，G:140，B:138），并按快捷键Alt+Delete，填充选区，如图6-80所示，按快捷键Ctrl+D取消选区。

㉓ 选择"钢笔工具"，绘制路径，如图6-81所示。

图6-80　　　　　　　　图6-81

㉔ 新建"图层6"，按快捷键Ctrl+Enter，将绘制的路径转换为选区，设置前景色为白色，并按快捷键Alt+Delete，填充选区，如图6-82所示，按快捷键Ctrl+D取消选区。

图6-82

㉕ 按快捷键Ctrl+J，复制图层，按快捷键Ctrl+T，打开"自由变换"调节框，在调节框中单击鼠标右键，在弹出的快捷菜单中选择"水平翻转"命令，水平翻转图形并调整图形的位置，如图6-83所示，按Enter键确认。

图6-83

㉖ 运用相同的方法，再复制两个白色图形，并调整图形的位置和大小，制作的文字效果如图6-84所示。

图6-84

㉗ 选择文字形状路径图层，单击"背景"图层的"指示图层可见性"按钮，隐藏"背景"图层，如图6-85所示。

图6-85

㉘ 在文字形状路径图层上单击鼠标右键，在弹出的快捷菜单中选择"合并可见图层"命令，合并图层，如图6-86所示。

图6-86

㉙ 按快捷键 Ctrl+O，打开"素材文件\CH06\4-柚子背景.jpg"图片，如图6-87所示。

图6-87

㉚ 选择"移动工具" ，拖曳绘制的文字图形到"4-柚子背景.jpg"文档中，并调整文字的位置，如图6-88所示。

图6-88

6.3.3　文字变形

在店铺举办促销活动时，会将最新的活动信息或商品信息，以文字或图文结合的形式表现出来。本书的实战将音乐节作为促销活动，在宣传图片中将文字变形为与音乐相关的形状，这样不仅能给人一种视觉上的美观享受，还能吸引顾客的注意。

实战：变形文字设计

素材位置　素材文件>CH06> 5-音响背景.jpg
实例位置　实例文件>CH06>实战：变形文字设计.psd
视频名称　实战：变形文字设计.mp4
实用指数　★★★★☆
技术掌握　掌握变形文字的设计方法

变形文字设计的最终效果如图6-89所示。

图6-89

❶ 新建文档，并将其命名为"变形文字设计"，设置"宽度"为 23 厘米，"高度"为 10 厘米，"分辨率"为 150 像素／英寸，如图6-90所示，单击"创建"按钮。

❷ 选择"横排文字工具" ，设置前景色为红色（R:247, G:76, B:69），输入"音乐节"文字，如图6-91所示。

图6-90 　　　　　　　图6-91

❸ 在文字图层上单击鼠标右键，在弹出的快捷菜单中选择"转换为形状"命令，将文字格式转换为形状路径，如图6-92所示。

图6-92

④ 选择"钢笔工具" ，按住 Ctrl 键或 Alt 键，对"音"文字形状路径进行调整，改变文字的形状，如图 6-93 所示。

图 6-93

⑤ 选择"直接选择工具" ，框选"音"文字的锚点，如图 6-94 所示，按 Delete 键，删除选择的锚点。

图 6-94

⑥ 选择"椭圆工具" ，在选项栏中设置"选择工具模式"为"形状"，"填充"颜色为前景色，按住 Shift 键绘制圆形路径，如图 6-95 所示。

⑦ 选择"椭圆工具" ，按住 Alt 键并拖曳鼠标，然后按 Shift 键绘制减去的顶层形状路径圆形，减去圆形，如图 6-96 所示。

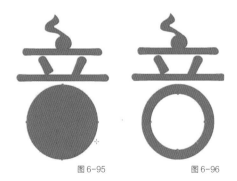

图 6-95　　　　　　　　　图 6-96

提示

在绘制要减去的顶层形状路径时，注意按键的先后顺序，要先按住 Alt 键，然后按 Shift 键绘制圆形。

⑧ 使用"椭圆工具" ，按住 Shift 键绘制圆形路径，如图 6-97 所示。

⑨ 选择"钢笔工具" ，在选项栏中设置"选择工具模式"为"形状"，"填充"颜色为前景色，选择"减去顶层形状"选项，并在窗口中绘制箭头形状路径，如图 6-98 所示。

图 6-97　　　　　　　　　图 6-98

提示

在设置选项栏中的"减去顶层形状"选项时，注意不要在选中形状路径锚点的状态下进行切换，否则会自动将选中的形状路径属性更改为"减去顶层形状"，此步需要在选择形状路径的状态下切换为"减去顶层形状"选项，如图 6-99 所示。

a. 选择形状路径锚点的状态　　　b. 选择形状路径的状态

图 6-99

⑩ 选择"钢笔工具" ，按住 Ctrl 键或 Alt 键，调整"乐"文字形状路径，改变文字的形状，如图 6-100 所示。

图 6-100

⑪ 使用"钢笔工具" ，在文字形状路径的笔画上添加锚点，并改变文字的形状，如图 6-101 所示。

⑫ 运用相同的方法，分别绘制形状路径，改变"乐"文字的形状，如图 6-102 所示。

图 6-101　　　　　　　　　图 6-102

⑬ 运用相同的方法，使用"钢笔工具" ✎.调整"节"文字的形状路径，如图 6-103 所示。

图 6-103

⑭ 按快捷键 Ctrl+O，打开"素材文件 \CH06\5-音响背景.jpg"图片，如图 6-104 所示。

图 6-104

⑮ 选择"移动工具" ✛，拖曳变形的文字图形到"5-音响背景.jpg"文档中，并按快捷键 Ctrl+T，调整文字的大小和位置，如图 6-105 所示，按 Enter 键确认。

图 6-105

⑯ 在"图层"面板中双击文字图层，打开"图层样式"对话框，勾选"描边"复选框，设置"颜色"为白色，如图 6-106 所示。

图 6-106

⑰ 勾选"渐变叠加"复选框，单击"渐变"按钮，打开"渐变编辑器"对话框，设置"位置 0"的颜色为红色（R:212，G:72，B:109），"位置 18"的颜色为紫色（R:129，G:51，B:129），"位置 66"的颜色

为深蓝色（R:6，G:47，B:89），"位置 100"的颜色为浅蓝色（R:0，G:214，B:219），单击"确定"按钮，如图 6-107 所示。

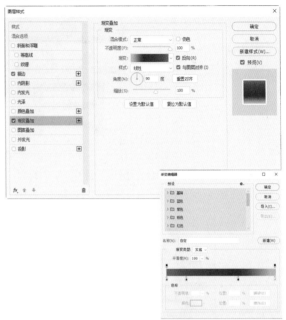

图 6-107

⑱ 单击"确定"按钮，为文字添加图层样式后的最终效果如图 6-108 所示。

图 6-108

6.3.4　减少笔画

由于一些文字的笔画太多，显得太过复杂，在店铺展示时，会影响整体的美观度。因此，对于笔画较多的文字，在不影响可识别性的情况下通常会对其做创意设计，体现出一种简约美。

实战：减少笔画的字体设计

素材位置　素材文件>CH06>7-端午背景.jpg

实例位置　实例文件>CH06>实战：减少笔画的字体设计.psd

视频名称　实战：减少笔画的字体设计.mp4

实用指数　★★★☆☆

技术掌握　掌握减少笔画的字体设计方法

减少笔画字体设计的最终效果如图 6-109 所示。

图 6-109

① 新建文档，并将其命名为"减少笔画的字体设计"，设置"宽度"为 32 厘米，"高度"为 24 厘米，"分辨率"为 150 像素 / 英寸，如图 6-110 所示，单击"创建"按钮。

② 选择"直排文字工具" T.，设置前景色为绿色（R:127，G:153，B:74），输入"端午"文字，如图 6-111 所示。

图 6-110　　　　　　　　　　图 6-111

③ 在文字图层上单击鼠标右键，在弹出的快捷菜单中选择"转换为形状"命令，将文字格式转换为形状路径，如图 6-112 所示。

图 6-112

④ 选择"直接选择工具" ▶.，框选"端"文字的锚点，如图 6-113 所示，按 Delete 键删除锚点。

图 6-113

⑤ 运用相同的方法，选择"直接选择工具" ▶.，框选"端"文字笔画的锚点，如图 6-114 所示，按 Delete 键删除选择的锚点。

图 6-114

⑥ 选择"钢笔工具" ∅.，在"端"文字的笔画上单击，添加 3 个锚点，如图 6-115 所示。

图 6-115

⑦ 选择"直接选择工具" ▶.，框选添加的两个锚点，并按 Delete 键删除锚点，如图 6-116 所示。

图 6-116

⑧ 运用相同的方法，选择"直接选择工具" ▶.，框选多余的笔画锚点，如图 6-117 所示，按 Delete 键删除锚点。

图 6-117

⑨ 选择"钢笔工具" ⬠，在"端"文字笔画上端的断开锚点上单击，然后在下端的断开锚点上单击，连接文字的形状路径，如图6-118所示。

⑩ 运用相同的方法，使用"钢笔工具" ⬠ 减少其他笔画的形状路径，如图6-119所示。

图6-118 　　　　　　　　图6-119

⑪ 继续使用"钢笔工具" ⬠，在"端"文字横笔画上添加或减去锚点，并按住Ctrl键调整锚点的位置和文字的弧形，如图6-120所示。

⑫ 运用相同的方法，使用"钢笔工具" ⬠ 分别调整文字的笔画形状，如图6-121所示。

图6-120　　　　　　　　图6-121

⑬ 选择"钢笔工具" ⬠，在选项栏中设置"选择工具模式"为"形状"，"填充"颜色为前景色，并绘制形状路径，如图6-122所示。

图6-122

⑭ 运用相同的方法，使用"钢笔工具" ⬠ 绘制形状路径，如图6-123所示。

图6-123

⑮ 按快捷键Ctrl+O，打开"素材文件 \CH06\7-端午背景.jpg"图片，如图6-124所示。

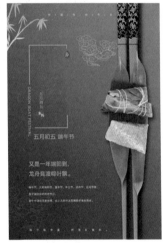

图6-124

⑯ 选择"移动工具" ⬥，拖曳文字图形到"6-端午背景.jpg"文档中。按快捷键Ctrl+T，调整文字的大小和位置，如图6-125所示，按Enter键确认。

图6-125

⑰ 设置前景色为黄色（R:208，G:175，B:118），按快捷键Alt+Delete，填充文字，完成后的效果如图6-126所示。

图6-126

6.3.5 透视文字设计

将主题文字调整为透视效果是常用的设计方法，这种方法操作简单又能产生良好的视觉效果，还能体现出一种赶紧行动的心理暗示。

实战：透视文字效果设计

素材位置 素材文件>CH06>9-活动背景.jpg
实例位置 实例文件>CH06>实战：透视文字效果设计.psd
视频名称 实战：透视文字效果设计.mp4
实用指数 ★★★★☆
技术掌握 掌握透视文字效果的制作方法

透视文字设计的最终效果如图6-127所示。

图6-127

① 按快捷键Ctrl+O，打开"素材文件\CH06\9-活动背景.jpg"图片，如图6-128所示。

② 设置前景色为白色，选择"横排文字工具" T.，分别输入文字，如图6-129所示。

图6-128　　　　　　　　　　　　　　图6-129

③ 在"图层"面板中按住Ctrl键，同时选中输入的文字图层，按快捷键Ctrl+E，合并文字图层，并将其重命名为"夏季购物狂欢节"，如图6-130所示。

图6-130

④ 按快捷键Ctrl+T，打开"自由变换"调节框，按住Ctrl键拖曳鼠标，调节控制点，调整文字的大小、位置和透视效果，如图6-131所示，按Enter键确认。

图6-131

⑤ 在"图层"面板中双击图层，打开"图层样式"对话框，勾选"内阴影"复选框，设置"不透明度"为15%，"距离"为4像素，如图6-132所示。

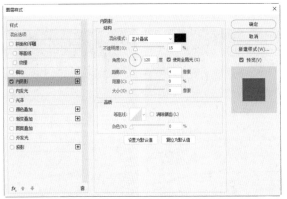

图6-132

⑥ 勾选"投影"复选框，设置"颜色"为橙黄色（R:255，G:130，B:0），其他参数设置如图6-133所示。

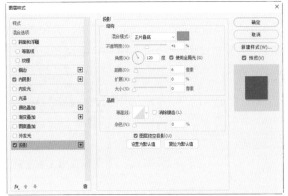

图6-133

⑦ 单击"确定"按钮，为文字添加图层样式后的效果如图6-134所示。

图6-134

⑧ 选择"横排文字工具"，输入宣传文字，如图6-135所示。

图6-135

⑨ 在文字图层上单击鼠标右键，在弹出的快捷菜单中选择"栅格化文字"命令，将文字格式转换为普通图层，如图6-136所示。

图6-136

⑩ 按快捷键Ctrl+T，打开"自由变换"调节框，按住Ctrl键拖曳鼠标，调整文字的大小、位置和透视效果，如图6-137所示，按Enter键确认。

图6-137

⑪ 在"限时疯狂大促销"图层的下一层新建"图层1"，选择"多边形套索工具"，绘制选区，并设置前景色为橘红色（R:253，G:95，B:0），按快捷键 Alt+Delete 填充选区，如图 6-138 所示，按快捷键 Ctrl+D 取消选区。

图6-138

⑫ 选择"横排文字工具"，输入宣传文字，如图 6-139 所示。

⑬ 在文字图层上单击鼠标右键，在弹出的快捷菜单中选择"栅格化文字"命令，将文字格式转换为普通图层，如图 6-140 所示。

图6-139　　　　　　图6-140

⑭ 按快捷键 Ctrl+T，打开"自由变换"调节框，按住 Ctrl 键拖曳鼠标，调整文字的大小、位置和透视效果，如图 6-141 所示，按 Enter 键确认。

图6-141

⑮ 选择"横排文字工具"，输入宣传文字，如图 6-142 所示。

⑯ 在文字图层上单击鼠标右键，在弹出的快捷菜单中选择"栅格化文字"命令，将文字格式转换为普通图层，如图 6-143 所示。

图6-142　　　　　　图6-143

⑰ 按快捷键 Ctrl+T，打开"自由变换"调节框，按住 Ctrl 键拖曳鼠标，调整文字的大小、位置和透视效果，如图 6-144 所示，按 Enter 键确认。

图6-144

⑱ 在"全场5折起！"图层的下一层新建"图层2"，选择"多边形套索工具"，绘制选区，如图 6-145 所示。

图6-145

⑲ 设置前景色为玫红色（R:247，G:58，B:90），按快捷键 Alt+Delete 填充选区，按快捷键 Ctrl+D 取消选区，效果如图 6-146 所示。

图 6-146

淘宝美工
全能一本通

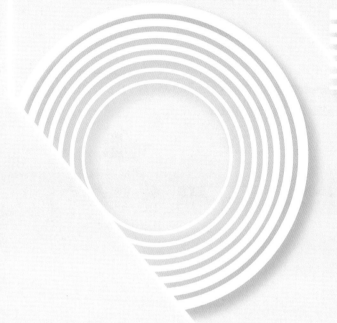

第 7 章

淘宝首页
店招设计

学习重点　　　　　店招尺寸规范　｜　店招设计要点　｜　淘宝店招设计　｜　上传店招的方法

7.1 店招的作用及分类

店招位于网页首页的顶端,是展示店铺品牌的窗口,是顾客对店铺产生第一印象的入口。它的作用和实体店铺的作用相同,鲜明而有特色的店招对卖家打造店铺品牌和表明产品定位具有不可替代的作用,如图 7-1 所示。

图 7-1

7.1.1 店招存在的意义

店招就是店铺的招牌,其意义就是让消费者在第一时间记住店铺的名字和店标等信息,起到宣传和推销店铺的作用,方便顾客想再次光顾店铺的时候可以快速搜索到店铺,如图 7-2 和图 7-3 所示。

图 7-2

图 7-3

7.1.2 店招的类别

店招大致分为柔美型、阳刚型和可爱型 3 种类型。

1. 柔美型

柔美型的店招主要用于女性行业和类目,如化妆品店和女装店等。它的特点表现在字体和颜色等方面,这类店招多采用较圆润或纤细的字体(如幼圆体和方正兰亭细黑等),如图 7-4 所示,颜色多为粉色和红色等。

图 7-4

2. 阳刚型

阳刚型的店招主要用于男性行业和类目,如男装店和电器类店等。该类型多选择较刚硬的字体,如黑体或楷体等,颜色以黑白灰为主,如图 7-5 所示。

图 7-5

3. 可爱型

可爱型店招主要针对儿童、年轻人、母婴行业和类目,如母婴店和童装店等。可爱型店招在图形设计上会偏向于使用简单的线条,采用明快、对比鲜明的颜色,如图 7-6 和图 7-7 所示。

图 7-6

图 7-7

7.2 店招设计的注意事项

为了让店招有特点且便于记忆,在店铺设计中会对店招的尺寸、格式等要素进行约束。本小节主要讲解店招设计中需要注意的事项。

1. 店招尺寸

店招有两种尺寸,一是常规店招尺寸,二是通栏店招尺寸。常规店招的尺寸是 950 像素 × 120 像素,这是淘宝店铺中常见的店招尺寸,如图 7-8 所示。通栏店招的尺寸是 1920 像素 × 150 像素,这是淘宝旺铺中使用较多的尺寸,如图 7-9 所示。

图 7-8

图 7-9

> | 提示 |
>
> 常规店招和通栏店招的区别在于:常规店招在上传到淘宝店铺页面后,店招两侧显示为空白;而通栏店招在上传到淘宝店铺页面后,店招会根据设计的效果进行显示。

2. 店招格式

在淘宝装修设计中,店招的格式分为 3 种,分别是 JPEG、GIF 和 PNG,其中 GIF 格式就是通常所见的 Flash 动态效果店招格式。

3. 店招设计要点

店招是消费者进入店铺第一眼就能看到的信息。一个好看的店招需要包含店铺的名称、特性、定位和实力介绍等信息,然后进行色彩搭配,明确消费群体,整体设计让人耳目一新,如图 7-10 所示。

第 1 点:与店铺色彩相搭配。

在设计店招时,不仅要突出店招的特点,而且要注意与整个店铺颜色相搭配,如图 7-11 和图 7-12 所示。切忌店招设计与整个店铺的风格差别太大。

第 2 点:明确消费群体。

根据店铺销售的商品来明确消费群体,然后根据消费群体的心理来设计店招,以便在第一时间吸引顾客的注意力,让顾客对店招传递的信息有深刻的印象,如图 7-13 和图 7-14 所示。

图 7-10

图 7-11

图 7-12

图 7-13

图 7-14

7.3 店招包含的信息

店招可以第一时间让顾客知道店铺的基本信息，如店铺 Logo、名称、店铺收藏、店铺活动广告、宝贝打折和宝贝促销等。

1. 店铺名称与 Logo

在店招设计中，店铺名称和 Logo 是不可或缺的内容，需要进行重点展示，其他元素可以适当省略，这样店铺名称和 Logo 就能更加直观地呈现给消费者，为店铺树立良好的形象，如图 7-15 和图 7-16 所示。

图 7-15

图 7-16

2. 店铺主营品牌名称

淘宝网店中，部分店铺主要专营一个品牌的商品，所以在设计店招时，需要加入店铺的品牌名称，并且将其尽量放大一些，让消费者可以清楚地知道本店销售什么品牌的商品，如图 7-17 和图 7-18 所示。

图 7-17

图 7-18

3. 店铺主题广告语

大多数店招都设计了主题广告语，这些广告语或是配合店铺活动，或是介绍店铺。广告语不仅可以向消费者传达商品的独特卖点，展现品牌的个性魅力，激发消费者的购买欲望，而且能引起消费者的共鸣，如图 7-19 和图 7-20 所示。

图 7-19

图 7-20

4. 商品图片

在店招设计中加入商品图片，可以使店铺销售的商品一目了然，使店招表现得更加具有针对性。这类店招会强化商品图片，弱化其他的内容，如图 7-21 和图 7-22 所示。

图 7-21

图 7-22

5. 店铺收藏

在制作店招时，有的店家会将"店铺收藏"也添加到店招中，这样可以提醒顾客及时收藏店铺，以便下次访问，如图 7-23 和图 7-24 所示。

图 7-23

图 7-24

> 提示
>
> 在店招设计中，并不是将所有的内容都包含其中，而是根据店铺的需要选取重点信息来展示。

7.4 淘宝店招设计

本小节主要讲解淘宝店铺的店招设计，从效果展示、版式布局、配色剖析和操作步骤 4 个方面来进行详细的讲解。

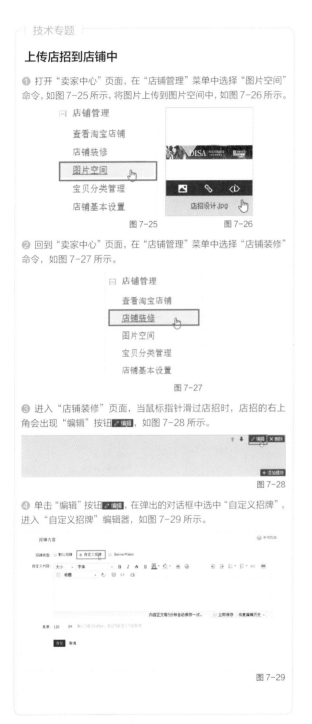

技术专题

上传店招到店铺中

❶ 打开"卖家中心"页面，在"店铺管理"菜单中选择"图片空间"命令，如图 7-25 所示，将图片上传到图片空间中，如图 7-26 所示。

图 7-25　　　　　图 7-26

❷ 回到"卖家中心"页面，在"店铺管理"菜单中选择"店铺装修"命令，如图 7-27 所示。

图 7-27

❸ 进入"店铺装修"页面，当鼠标指针滑过店招时，店招的右上角会出现"编辑"按钮，如图 7-28 所示。

图 7-28

❹ 单击"编辑"按钮，在弹出的对话框中选中"自定义招牌"，进入"自定义招牌"编辑器，如图 7-29 所示。

图 7-29

❺ 在"自定义招牌"编辑器中单击"插入图片空间图片"按钮，这时可以在图片空间中选择已上传的店招图片，单击"插入"按钮，如图 7-30 所示，插入图片后，单击"完成"按钮。

图 7-30

❻ 完成上述操作后，店招图片就会在编辑器中显示了，单击"保存"按钮，存储店招图片，如图 7-31 所示。

图 7-31

❼ 单击右上角的"发布"按钮，如图 7-32 所示。

图 7-32

❽ 发布成功后，店招才会显示在淘宝店铺页面上，如图 7-33 所示。

图 7-33

实战： 攀岩户外用品店招设计

为了吸引消费者，大部分店招设计会将店铺优惠信息和一些活动信息放入其中。本案例为运动类店铺店招设计，通过若隐若现的群山峻岭和攀岩的运动员来营造运动的氛围。整个版面编排主次分明，颜色以黄色为主色调，文字宣传信息统一使用白色，这样能让整体色调更加和谐。

素材位置　素材文件>CH07>7-攀岩运动.jpg、8-群山背景.jpg、9-户外店标.tif
实例位置　实例文件>CH07>实战：攀岩户外用品店招设计.psd
视频名称　实战：攀岩户外用品店招设计.mp4
实用指数　★★★★☆
技术掌握　掌握攀岩户外用品店招的制作技法

制作好的店招效果如图7-34所示。

图 7-34

在版式设计中，以图文并茂的方式来赋予版面活力。将店铺的名称放在视觉中心位置，宣传文字有大有小，主次分明，粗字体显得整体店铺比较沉稳；右边融入了优惠券、关注和收藏信息，丰富画面的同时不会影响主题的视觉传达效果，起到了点缀作用，如图 7-35 所示。

图 7-35

配色如图 7-36 所示。

图 7-36

① 执行"文件>新建"命令，打开"新建文档"对话框，并将其命名为"攀岩户外用品店招设计"，设置"宽度"为1920像素，"高度"为150像素，"分辨率"为96像素/英寸，如图7-37所示，单击"创建"按钮。

② 设置前景色为黄色（R:255，G:214，B:83），按快捷键Alt+Delete，填充图层，如图7-38所示。

图 7-38

图 7-37

③ 按快捷键Ctrl+O，打开"素材文件\CH07\7-攀岩运动.jpg"素材图片，如图7-39所示。

④ 选择"移动工具" ⊕.，拖曳"7-攀岩运动.jpg"图片到"攀岩户外用品店招设计"文档中，按快捷键Ctrl+T，水平翻转图像，调整图像的大小和位置，如图7-40所示。

图 7-39

图 7-40

⑤ 单击"图层"面板下方的"添加图层蒙版"按钮 ▫ ，为"图层 1"图层添加蒙版，如图 7-41 所示。

⑥ 选择"渐变工具" ▣ ，单击选项栏中的"点按可编辑渐变"按钮 ▄▄▄ ，打开"渐变编辑器"对话框，设置渐变颜色为黑白色，如图 7-42 所示，单击"确定"按钮 确定 。

图 7-41　　　　　　　图 7-42

⑦ 单击选项栏中的"线性渐变"按钮 ▫ ，按住鼠标左键拖曳，效果如图 7-43 所示。

图 7-43

⑧ 在"图层"面板中选择"图层 1"图层的缩览图，执行"图像 > 调整 > 色彩平衡"命令，打开"色彩平衡"对话框，拖曳滑块调整参数，如图 7-44 所示。

图 7-44

提示

此处主要是调整图像的颜色，所以在执行"色彩平衡"命令前，需要选择"图层 1"图层的缩览图，否则将会对选择的图层蒙版进行颜色调整。

⑨ 单击"确定"按钮 确定 ，调整图像颜色后图片的色调与背景更加融合，如图 7-45 所示。

图 7-45

⑩ 打开"8-群山背景.jpg"素材图片，如图 7-46 所示。

⑪ 选择"移动工具" ⊕ ，拖曳"8-群山背景.jpg"到"攀岩户外用品店招设计"文档中，并按快捷键 Ctrl+T，调整图像的大小、位置和旋转角度，如图 7-47 所示。

图 7-46

图 7-47

⑫ 单击"图层"面板下方的"添加图层蒙版"按钮 ▫ ，为"图层 2"图层添加蒙版，并设置"不透明度"为 70%，如图 7-48 所示。

图 7-48

⑬ 运用同样的方法，选择"渐变工具" ，按住鼠标左键拖曳，使图层蒙版产生渐变效果，设置图层的"不透明度"为70%，如图 7-49 所示。

图 7-49

⑭ 在"背景"图层中单击鼠标右键，在弹出的快捷菜单中选择"拼合图像"命令，合并所有图层，如图 7-50 所示。

⑮ 打开"9-户外店标.tif"素材图片，如图 7-51 所示。

图 7-50

图 7-51

⑯ 选择"移动工具" ，拖曳"9-户外店标.tif"到"攀岩户外用品店招设计"文档中，并调整店标的位置，如图 7-52 所示。

图 7-52

⑰ 新建"图层 1"，设置前景色为白色，选择"矩形选框工具" ，绘制矩形选区，按快捷键 Alt+Delete，填充选区，如图 7-53 所示，按快捷键 Ctrl+D 取消选区。

图 7-53

⑱ 选择"横排文字工具" T.，分别输入白色宣传文字，效果如图 7-54 所示。

图 7-54

⑲ 新建图层并将其命名为"优惠券"，选择"矩形选框工具" ，绘制矩形选区，如图 7-55 所示。

图 7-55

⑳ 执行"编辑＞描边"命令，打开"描边"对话框，设置"宽度"为 2 像素，"颜色"为白色，选择"居外"选项，如图 7-56 所示。

㉑ 单击"确定"按钮 ，选区描边后的效果如图 7-57 所示，按快捷键 Ctrl+D 取消选区。

图 7-56

图 7-57

㉒ 选择"矩形选框工具" □，在白色框中绘制矩形选区，按快捷键 Alt+Delete，将选区填充为白色，如图 7-58 所示，按快捷键 Ctrl+D 取消选区。

㉓ 选择"横排文字蒙版工具" T.，输入字号大小为 12 点的蒙版文字，如图 7-59 所示。

图 7-58

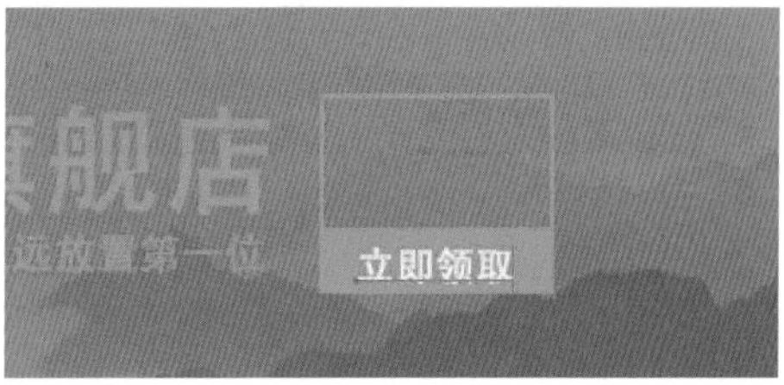

提示

在使用"横排文字蒙版工具" T.编辑蒙版文字的状态下，按住 Ctrl 键，可以通过调节框调整文字的大小和位置。

图 7-59

㉔ 单击选项栏中的"确定"按钮 ✓，输入的蒙版文字将直接转换为选区。在选择白色矩形图层的状态下，按 Delete 键，删除选区内容，如图 7-60 所示，按快捷键 Ctrl+D 取消选区。

图 7-60

㉕ 按快捷键 Ctrl+J，复制多个制作的白色框和白色矩形图层，并按住 Shift 键分别平行移动图像，如图 7-61 所示。

图 7-61

㉖ 选择"横排文字工具" T.，在白色框中分别输入文字，效果如图 7-62 所示。

图 7-62

㉗ 运用同样的方法，新建图层并将其命名为"收藏"，选择"矩形选框工具" □，绘制矩形选区，执行"描边"命令，对选区进行白色描边处理，效果如图 7-63 所示，按快捷键 Ctrl+D 取消选区。

图 7-63

㉘ 选择"矩形选框工具" □，绘制矩形选区，按快捷键 Alt+Delete，将选区填充为白色，如图 7-64 所示，按快捷键 Ctrl+D 取消选区。

图 7-64

㉙ 按快捷键 Ctrl+J，复制制作的"收藏"图形，并按住 Shift 键向下平行移动图像，如图 7-65 所示。

图 7-65

㉚ 选择"钢笔工具" ⌀.，在白色矩形图像中分别绘制星形和心形路径，如图 7-66 所示。

㉛ 按快捷键 Ctrl+Enter，将绘制的路径转换为选区，并分别选择"收藏"图层，按 Delete 键删除选区内容，如图 7-67 所示，按快捷键 Ctrl+D 取消选区。

图 7-66

图 7-67

�32 选择"横排文字工具" T.，分别输入收藏和关注类白色文字，如图 7-68 所示。

图 7-68

淘宝美工
全能一本通

第 8 章

店铺首屏
海报设计

8.1 海报尺寸与格式规范

在淘宝店首页中可以看到形式多样的海报，它们可以将主推商品直观地展现给顾客。海报的设计必须有号召力与艺术感染力，海报中的描述要简洁鲜明，达到引人注目的视觉效果。

网店首页欢迎模块中对最新商品、促销活动等信息进行展示的区域位于导航条的下方，其设计面积比店招和导航条都要大，是顾客进入首页观察到的最醒目的区域，如图8-1所示。

图8-2

图8-1

图8-3

在淘宝网页首屏展示中要考虑到海报的显示效果，保证海报不会出现失真现象，因此对海报的尺寸有一定的要求。宽度一般分为800像素、1024像素、1280像素、1440像素、1680像素和1920像素，高度可根据自己的需求随意调整，建议150~700像素。例如，1440像素×416像素，如图8-2所示；1920像素×400像素，如图8-3所示；800像素×400像素，如图8-4所示。

图8-4

8.2 海报内容的展示要点

在淘宝店铺装修中，海报的展示是非常重要的，要根据设计的主题来寻找合适的创意和表现方式。设计海报时要进行文案梳理，思考影响海报展示的因素有哪些。

● 图片为主，文字为辅

在进行海报设计时，要将文案梳理清晰，知道表达的主题是什么。在淘宝店铺首屏海报中，一般以产品图片为主，文字为辅，着重突出产品，如图8-5所示。

图8-5

● 内容精练

考虑到海报的展示时间有限，所以在设计时要提炼表达的内容，抓住主要诉求点，内容不宜过多，要简洁直观地将信息传达给顾客，如图8-6所示。

图8-6

● 视觉冲击力

在淘宝店铺首屏海报展示中，为了更加吸引顾客，较强的视觉冲击力是不可缺少的，而加强视觉冲击力可以通过图像和色彩来实现，如图8-7所示。

图8-7

● 主题文字

主题文字尽量大一些，可以考虑用英文来衬托主题，背景和主题元素要相互呼应，体现出平衡感和整体感。字体最好有疏密、粗细和大小变化，在变化中求平衡，这样做出来的海报整体效果会更好，如图8-8所示。

图8-8

如何上传轮播海报

❶ 在淘宝中登录卖家账号，然后在页面右上角打开"卖家中心"页面，在"店铺管理"菜单中选择"图片空间"命令，如图8-9所示。

店铺管理

查看淘宝店铺　店铺装修
图片空间　　　手机淘宝店铺
宝贝分类管理　店铺基本设置
域名设置　　　媒体中心
淘宝贷款　　　子账号管理

图8-9

❷ 进入"图片空间"页面后，在右上角单击"上传图片"按钮，上传海报，如图8-10和图8-11所示。

图8-10　　　　　　　　　　图8-11

❸ 返回"卖家中心"，进入"店铺装修"页面，如图8-12所示。然后将鼠标指针移动至"图片轮播"模块上，单击右上角的"编辑"按钮，如图8-13所示。

店铺管理

查看淘宝店铺　店铺装修
图片空间　　　手机淘宝店铺
宝贝分类管理　店铺基本设置
域名设置　　　媒体中心
淘宝贷款　　　子账号管理

图8-12

图8-13

❹ 在弹出的"图片轮播"对话框中，单击"添加"按钮，最多可以添加5组轮播图片，如图8-14所示。

图8-14

❺ 单击"插入图片空间图片"按钮，从图片空间选中之前上传的图片，然后单击"保存"按钮，如图8-15所示。

图8-15

❻ 插入图片后，会在"图片地址"文本框中显示图片地址，单击"保存"按钮，完成"图片轮播"模块的操作，如图8-16所示。

图8-16

⑦ 单击"显示设置"选项卡，在显示的页面中设置模块的高度（已知的海报高度，建议根据海报尺寸设置），如图8-17所示。

图 8-17

⑧ 在"显示设置"选项卡中，设置切换效果，如图8-18所示。

图 8-18

⑨ 在"显示设置"选项卡中，设置是否显示标题，选中"显示"，效果如图8-19所示；选中"不显示"，效果如图8-20所示。

图 8-19

图 8-20

⑩ 完成上述操作后，在"显示设置"选项卡中选中"不显示"，如图8-21所示。最后在"店铺装修"页面中单击"发布"按钮 发布 ，效果如图8-22所示。

图 8-21

图 8-22

8.3 首屏海报设计技巧

思考如何让顾客轻松地接收到信息，了解顾客最容易接受的方式是什么，最后还要对同行业的海报设计进行研究，得出结论后开始进行设计，这样设计出来的海报才更加容易被市场和顾客认可。

8.3.1 各元素之间的关系

优秀的海报设计通常具备三要素，那就是合理的背景、优秀的文案和醒目的产品信息。如果对设计的海报不满意，一定是这3个方面出了问题。下面就来讲解怎样合理地运用元素之间的关系，制作首屏海报。

首屏海报是在店铺第一屏的位置，所以一张优秀的海报设计应将店铺主题和产品信息表达出来，给顾客最直观的感受。如图8-23所示，该海报就很好地协调了各元素之间的关系，具有合理的背景，主题突出，文案和产品信息也较为醒目。

图 8-23

在对首屏海报进行收集和研究时，可能会发现有些海报不具备三元素。如图8-24所示，该海报的主题文字就不够突出，背景过于花哨，影响了文字的识别度，文案的布局也欠佳，导致海报整体看起来比较凌乱，没有主题，不知道要表达什么。

图 8-24

实战：协调各元素制作首屏海报

素材位置　素材文件>CH08>1-水彩背景.jpg、2-水彩花朵.tif、3-服装插画.tif
实例位置　实例文件>CH08>实战：协调各元素制作首屏海报.psd
视频名称　实战：协调各元素制作首屏海报.mp4
实用指数　★★★★☆
技术掌握　掌握协调各元素的方法

本案例的最终效果如图 8-25 所示。

图 8-25

❶ 按快捷键 Ctrl+O，打开"素材文件 \CH08\1-水彩背景.jpg"素材图片，如图 8-26 所示。

图 8-26

❷ 打开"2-水彩花朵.tif"素材图片，如图 8-27 所示。

图 8-27

❸ 选择"移动工具" ⊕，拖曳水彩花朵图像到"1-水彩背景.jpg"图片中。按快捷键 Ctrl+T，调整图像的大小、位置和旋转角度，如图 8-28 所示，按 Enter 键确认。

图 8-28

❹ 按快捷键 Ctrl+J，复制水彩花朵图像，按快捷键 Ctrl+T，打开"自由变换"调节框，在调节框中单击鼠标右键，在弹出的快捷菜单中选择"水平翻转"命令，并调整图像的大小、位置和旋转角度，如图 8-29 所示，按 Enter 键确认。

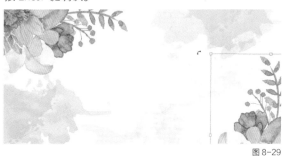

图 8-29

❺ 新建图层，并将其命名为"圆形 1"。设置前景色为绿色（R:15，G:174，B:136），选择"椭圆选框工具" ○，按住 Shift 键拖曳鼠标，绘制圆形选区，并按快捷键 Alt+Delete，填充选区，如图 8-30 所示，按快捷键 Ctrl+D 取消选区。

图 8-30

❻ 运用同样的方法，新建图层，并将其命名为"圆形 2"，按住 Shift 键拖曳鼠标，绘制圆形选区，为选区填充相同的绿色，并设置图层的"不透明度"为 40%，如图 8-31 所示，按快捷键 Ctrl+D 取消选区。

图 8-31

❼ 打开"3-服装插画.tif"素材图片，如图 8-32 所示。

图 8-32

⑧ 选择"移动工具" ⊕,，拖曳服装插画图像到"1－水彩背景 .jpg"图片中。按快捷键 Ctrl+T，调整图像的大小和位置，如图 8-33 所示，按 Enter 键确认。

图 8-33

⑨ 设置前景色为白色，选择"横排文字工具" T.，，输入主题文字，如图 8-34 所示。

图 8-34

⑩ 运用同样的方法，使用"横排文字工具" T.，，输入品牌名称，如图 8-35 所示。

图 8-35

⑪ 复制英文，设置图层"不透明度"为 20%，并按快捷键 Ctrl+T，调整文字的大小和位置，如图 8-36 所示，按 Enter 键确认。

图 8-36

⑫ 新建图层，并将其命名为"线条"。选择"矩形选框工具" ▢,，绘制矩形选区，如图 8-37 所示。

⑬ 执行"编辑＞描边"命令，打开"描边"对话框，设置"宽度"为 3 像素，"颜色"为白色，选择"居外"选项，如图 8-38 所示，单击"确定"按钮 确定 。

图 8-37　　　　　　　　图 8-38

⑭ 使用"矩形选框工具" ▢,，在描边线条的两端分别绘制选区，并按 Delete 键删除选区内容，如图 8-39 所示，按快捷键 Ctrl+D 取消选区。

图 8-39

⑮ 选择"横排文字工具" T.，，分别输入白色广告宣传文字，如图 8-40 所示。

图 8-40

⑯ 选择"圆角矩形工具" ▢,，设置选项栏中的"选择工具模式"为"路径"，"半径"为 40 像素，绘制圆角矩形路径，如图 8-41 所示。

⑰ 新建图层，并将其命名为"圆角矩形"。按快捷键 Ctrl+Enter，将路径转换为选区，按快捷键 Alt+Delete，填充选区为白色，如图 8-42 所示。

图 8-41　　　　　　　　图 8-42

⑱ 新建图层，并将其命名为"描边"。执行"编辑＞描边"命令，打开"描边"对话框，设置"宽度"为2像素，"颜色"为白色，选择"居中"选项，如图8-43所示，单击"确定"按钮 确定 。

⑲ 选择"圆角矩形"图层，使用"矩形选框工具" ⃞，在圆角矩形上绘制选区，并按Delete键删除选区内容，如图8-44所示，按快捷键Ctrl+D取消选区。

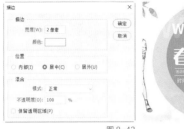
图 8-43

图 8-44

⑳ 选择"横排文字工具" T.，在圆角矩形上分别输入白色和绿色（R:15，G:174，B:136）宣传文字，如图8-45所示。

图 8-45

8.3.2　海报主色不宜过多

一张海报中，画面的色调会在信息传达给顾客之前营造一种气氛，在配色上最好不超过3种颜色。在具体的设计中，可以对重要的文字信息用高亮醒目的颜色来进行强调和突出。

图8-46所示的海报中，背景的颜色和商品的颜色进行对比，画面整体偏蓝，采取左右结构，主题部分选用白色字体增强对比，整体画面显得更加协调。

图 8-46

图8-47所示的海报所呈现的事物较多，颜色也比较多，所以画面显得凌乱。

图 8-47

实战：制作统一色调的海报

素材位置　素材文件＞CH08＞5-坚果.tif
实例位置　实例文件＞CH08＞实战：制作统一色调的海报.psd
视频名称　实战：制作统一色调的海报.mp4
实用指数　★★★★☆
技术掌握　掌握海报用色的方法

制作完成的海报效果如图8-48所示。

图 8-48

❶ 执行"文件＞新建"命令，打开"新建文档"对话框，并将文件命名为"制作统一色调的海报"，设置"宽度"为1920像素，"高度"为900像素，"分辨率"为150像素/英寸，如图8-49所示，单击"创建"按钮。

图 8-49

❷ 新建图层，并将其命名为"矩形"。设置前景色为橙黄色（R:241，G:173，B:36），选择"矩形选框工具" ⃞，绘制矩形选区，并按快捷键Alt+Delete，填充选区，如图8-50所示。

图 8-50

❸ 按快捷键 Ctrl+O，打开"素材文件 \CH08\5-坚果.tif"素材图片，如图 8-51 所示。

图 8-51

❹ 选择"移动工具"➕.，拖曳坚果图像到"制作统一色调的海报"文档中，并按快捷键 Ctrl+T，调整图像的大小和位置，如图 8-52 所示，按 Enter 键确认。

图 8-52

❺ 选择"椭圆工具"○.，按住 Shift 键拖曳鼠标，绘制圆形路径，如图 8-53 所示。

图 8-53

❻ 选择"矩形"图层，按快捷键 Ctrl+Enter，将路径转换为选区，并按 Delete 键删除选区内容，如图 8-54 所示，按快捷键 Ctrl+D 取消选区。

图 8-54

❼ 在"路径"面板中，选择绘制的圆形路径，并按快捷键 Ctrl+T，打开"自由变换"调节框，按住 Alt 键拖曳右下角的控制点，等比例往中心缩小路径，如图 8-55 所示，按 Enter 键确认。

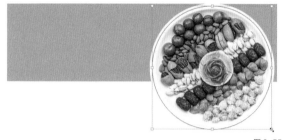

图 8-55

❽ 选择"画笔工具"✐.，单击选项栏中的"切换画笔设置面板"按钮☑，打开"画笔设置"面板，设置画笔样式为"尖角 9"，"大小"为 9 像素，"间距"为 200%，如图 8-56 所示。

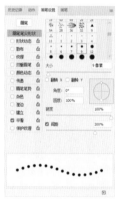

图 8-56

❾ 新建图层，并将其命名为"圆点 1"。设置前景色为橙黄色（R:241，G:173，B:36），打开"路径"面板，单击面板下方的"用画笔描边路径"按钮○，对圆形路径进行描边，如图 8-57 所示。

图 8-57

❿ 新建图层，并将其命名为"圆形"，设置前景色为白色，选择"椭圆选框工具"○.，按住 Shift 键拖曳鼠标，绘制圆形选区，按快捷键 Alt+Delete，填充选区，如图 8-58 所示，按快捷键 Ctrl+D 取消选区。

⑪ 选择"移动工具" ⊕，按快捷键 Ctrl+Alt+T，打开"自由变换"调节框，并按住 Shift 键平行向右移动复制图形，如图 8-59 所示，按 Enter 键确认。

图 8-58　　　　　　　　　　图 8-59

⑫ 按快捷键 Ctrl+Alt+Shift+T，重复上一次的移动复制操作，复制图形，如图 8-60 所示。

图 8-60

⑬ 选择"椭圆工具" ○，按住 Shift 键拖曳鼠标，在白色圆形内绘制圆形路径，如图 8-61 所示。

⑭ 按快捷键 Ctrl+Alt+T，打开"自由变换"调节框，并按住 Shift 键平行向右移动复制路径，如图 8-62 所示，按 Enter 键确认。

图 8-61　　　　　　　　　　图 8-62

⑮ 按快捷键 Ctrl+Alt+Shift+T，重复上一次的移动复制操作，复制路径，如图 8-63 所示。

图 8-63

⑯ 运用相同的方法，选择"画笔工具" ✐，单击选项栏中的"切换画笔设置面板"按钮 ☑，打开"画笔设置"面板，设置画笔样式为"尖角 7"，"大小"为 7 像素，如图 8-64 所示。

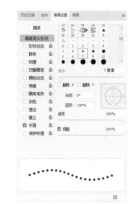

图 8-64

⑰ 新建图层，并将其命名为"圆点 2"，设置前景色为橙黄色（R:241，G:173，B:36），打开"路径"面板，单击面板下方的"用画笔描边路径"按钮 ○，对圆形进行描边，如图 8-65 所示。

图 8-65

⑱ 设置前景色为白色，选择"横排文字工具" T，输入主题文字，如图 8-66 所示。

图 8-66

⑲ 选择"圆角矩形工具" ○，设置选项栏中的"选择工具模式"为"路径"，"半径"为 40 像素，绘制圆角矩形路径，如图 8-67 所示。

⑳ 新建图层，并将其命名为"圆角矩形"，按快捷键 Ctrl+Enter，将路径转换为选区，并按快捷键 Alt+Delete，将选区填充为白色，如图 8-68 所示。

图 8-67 　　　　　　　　　　　图 8-68

㉑ 设置前景色为橙黄色（R:241，G:173，B:36），选择"横排文字工具" T.，分别输入广告宣传文字，如图8-69所示。

图 8-69

㉒ 新建图层，并将其命名为"按钮"，设置前景色为橙黄色（R:241，G:173，B:36），选择"椭圆选框工具" ◯.，按住 Shift 键拖曳鼠标，绘制圆形选区，并按快捷键

Alt+Delete，填充选区，如图 8-70 所示，按快捷键 Ctrl+D 取消选区。

㉓ 选择"钢笔工具" ◯.，在圆形中绘制三角形路径，如图 8-71 所示。

图 8-70 　　　　　　　　　　　图 8-71

㉔ 按快捷键 Ctrl+Enter，将路径转换为选区，并按 Delete 键将圆形中选区的内容删除，如图 8-72 所示，按快捷键 Ctrl+D 取消选区。

图 8-72

8.4 淘宝首屏海报分类

淘宝首屏海报可以分为很多种类，根据海报传达信息的不同可将其分为 3 类，分别是活动信息类、新品上市类和店铺通知类。下面举例展示活动信息类和店铺通知类海报。

8.4.1 活动信息类

淘宝中经常会举办一些活动，如"双十一"活动、"双十二"活动或者一些淘宝的购物节，首屏海报展示的信息与这些活动相关。图8-73所示的海报就是淘宝"双十一"活动的海报。

图 8-73

实战：美食活动海报

素材位置　素材文件>CH08>12-食品.tif
实例位置　实例文件>CH08>实战：美食活动海报.psd
视频名称　实战：美食活动海报.mp4
实用指数　★★★★☆
技术掌握　掌握美食活动海报的制作方法

制作的美食活动海报最终效果如图 8-74 所示。

图 8-74

❶ 执行"文件＞新建"命令，打开"新建文档"对话框，并将其命名为"美食活动海报"，设置"宽度"为 1920 像素，"高度"为 900 像素，"分辨率"为 150 像素 / 英寸，如图 8-75 所示，单击"创建"按钮。

图 8-75

❷ 选择"渐变工具" ▣，单击选项栏中的"点按可编辑渐变"按钮 ▣ ，打开"渐变编辑器"对话框，设置"位置 0"的颜色为黄色（R:255，G:222，B:0），"位置 100"的颜色为橙色（R:255，G:174，B:0），如图 8-76 所示，单击"确定"按钮 确定 。

图 8-76

❸ 单击选项栏中的"径向渐变"按钮 ▣ ，在右边按住鼠标左键拖曳，渐变效果如图 8-77 所示。

图 8-77

❹ 选择"圆角矩形工具" ▢ ，设置选项栏中的"选择工具模式"为"路径"，"半径"为 40 像素，绘制圆角矩形路径，如图 8-78 所示。

❺ 新建图层，并将其命名为"圆角矩形"，按快捷键 Ctrl+Enter，将路径转换为选区。设置前景色为黄色（R:255，G:241，B:82），并按快捷键 Alt+Delete，填充选区，如图 8-79 所示，按快捷键 Ctrl+D 取消选区。

图 8-78　　　　　　　　　　　　　　　图 8-79

❻ 按快捷键 Ctrl+T，打开"自由变换"调节框，调整图形的位置和旋转角度，如图 8-80 所示，按 Enter 键确认。

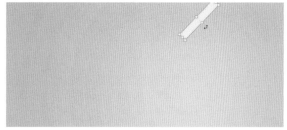

图 8-80

❼ 按快捷键 Ctrl+J，复制多个图形，并分别调整图形的位置，如图 8-81 所示。

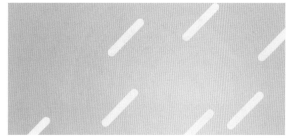

图 8-81

❽ 按快捷键 Ctrl+J，复制图形，并按快捷键 Ctrl+T，调整图形的大小和位置，如图 8-82 所示，按 Enter 键确认。

图 8-82

❾ 在"图层"面板中单击拷贝图层的"锁定透明像素"按钮 ▣ ，设置前景色为蓝色（R:1，G:179，B:222），并按快捷键 Alt+Delete，填充图形，如图 8-83 所示。

图 8-83

⑩ 运用同样的方法，复制图形并调整图形的位置，单击拷贝图层的"锁定透明像素"按钮⊠，设置前景色为玫红色（R:250，G:57，B:102），按快捷键 Alt+Delete，填充图形，如图 8-84 所示。

⑪ 运用同样的方法，复制图形并调整图形的位置，将图形填充为白色，如图 8-85 所示。

图 8-84　　　　　　　　　图 8-85

⑫ 按快捷键 Ctrl+J，复制多个圆角矩形，并调整图形的位置，如图 8-86 所示。

图 8-86

⑬ 选择"画笔工具"，单击选项栏中的"切换画笔设置面板"按钮，打开"画笔设置"面板，设置画笔样式为"尖角 123"，"大小"为 150 像素，"间距"为 300%，如图 8-87 所示。

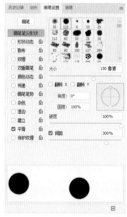

图 8-87

⑭ 勾选"形状动态"复选框，设置"大小抖动"为60%，如图 8-88 所示。

⑮ 勾选"散布"复选框，设置"散布"为 780%，如图 8-89 所示。

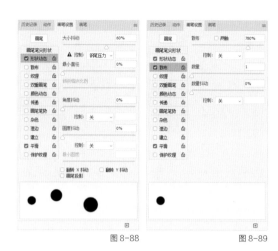

图 8-88　　　　　　　　　图 8-89

⑯ 新建图层，并将其命名为"圆点"。设置前景色为玫红色（R:250，G:57，B:102），用"画笔工具"绘制玫红色圆点图形，如图 8-90 所示。

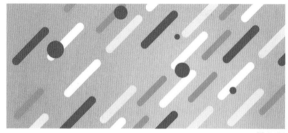

图 8-90

⑰ 设置前景色为蓝色（R:1，G:179，B:222），绘制蓝色圆点图形，如图 8-91 所示。

⑱ 设置前景色为黄色（R:255，G:241，B:82），绘制黄色圆点图形，如图 8-92 所示。

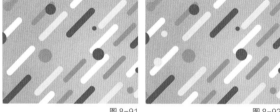

图 8-91　　　　　　　　　图 8-92

⑲ 按快捷键 Ctrl+Alt+T，打开"自由变换"调节框，在调节框中单击鼠标右键，并在弹出的快捷菜单中选择"水平翻转"命令，水平翻转复制的图形，如图 8-93 所示，按 Enter 键确认。

图 8-93

⑳ 按住 Ctrl 键，单击"圆点 拷贝"图层的缩览图，载入圆点外轮廓选区，如图 8-94 所示。

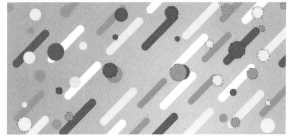
图 8-94

㉑ 执行"选择 > 修改 > 收缩"命令，打开"收缩选区"对话框，设置"收缩量"为 5 像素，如图 8-95 所示，单击"确定"按钮（确定）。

图 8-95

㉒ 按 Delete 键删除选区内容，将绘制的圆点图形变为彩色圆圈，如图 8-96 所示，按快捷键 Ctrl+D 取消选区。

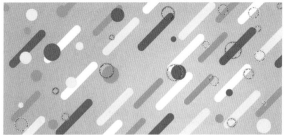
图 8-96

㉓ 按快捷键 Ctrl+J，复制多个圆圈图形，并分别调整图形的位置，如图 8-97 所示。

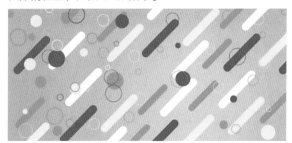
图 8-97

㉔ 在"背景"图层中单击鼠标右键，在弹出的快捷菜单中选择"拼合图像"命令，合并所有图层，如图 8-98 所示。

图 8-98

㉕ 新建图层，并将其命名为"圆形 1"。选择"椭圆选框工具" ⬭，按住 Shift 键绘制圆形选区。设置前景色为橙色（R:254，G:130，B:14），并按快捷键 Alt+Delete，填充选区，如图 8-99 所示。

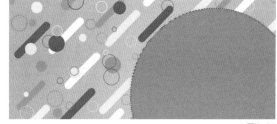
图 8-99

㉖ 在"图层"面板中设置图层的"不透明度"为 60%，如图 8-100 所示，按快捷键 Ctrl+D 取消选区。

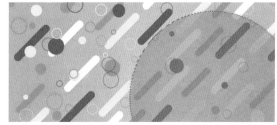
图 8-100

㉗ 新建图层，并将其命名为"圆形 2"。选择"椭圆选框工具" ⬭，绘制椭圆形选区，并按快捷键 Alt+Delete，将选区填充为橙色，如图 8-101 所示，按快捷键 Ctrl+D 取消选区。

图 8-101

㉘ 新建图层，并将其命名为"圆形 3"。选择"椭圆选框工具" ⬭，按住 Shift 键绘制圆形选区。设置前景色为蓝色（R:1，G:179，B:222），并按快捷键 Alt+Delete，填充选区，如图 8-102 所示，按快捷键 Ctrl+D 取消选区。

图 8-102

㉙ 运用同样的方法，新建图层，并将其命名为"圆形4"，按住 Shift 键绘制圆形选区，将选区填充为蓝色，设置图层的"不透明度"为 50%，如图 8-103 所示，按快捷键 Ctrl+D 取消选区。

图 8-103

㉚ 按快捷键 Ctrl+O，打开"素材文件 \CH08\12- 食品 .tif"素材图片，如图 8-104 所示。

图 8-104

㉛ 选择"移动工具" ，拖曳食品图像到"美食活动海报"文档中，并调整图像的位置，如图 8-105 所示。

图 8-105

㉜ 选择"钢笔工具" ，绘制多边形路径，如图 8-106 所示。

图 8-106

㉝ 在"食品"图层的下一层新建图层，并将其命名为"多边形 1"，按快捷键 Ctrl+Enter，将绘制的路径转换为选区。设置前景色为橙色（R:252，G:114，B:61），按快捷键 Alt+Delete，填充选区，如图 8-107 所示，按快捷键 Ctrl+D 取消选区。

图 8-107

㉞ 新建图层，并将其命名为"多边形 2"，运用同样的方法，使用"钢笔工具" 绘制多边形路径，按快捷键 Ctrl+Enter，将路径转换为选区。将选区填充为白色，如图 8-108 所示，按快捷键 Ctrl+D 取消选区。

图 8-108

㉟ 新建图层，并将其命名为"圆形 5"，选择"椭圆选框工具" ，按住 Shift 键绘制圆形选区。设置前景色为蓝色（R:1，G:179，B:222），按快捷键 Alt+Delete，填充选区，如图 8-109 所示，按快捷键 Ctrl+D 取消选区。

图 8-109

㊱ 新建图层，并将其命名为"线条"。设置前景色为玫红色（R:250，G:57，B:102），选择"矩形选框工具" ，绘制矩形选区，并按快捷键 Alt+Delete，填充选区，如图 8-110 所示，按快捷键 Ctrl+D 取消选区。

㊲ 按快捷键 Ctrl+Alt+T，打开"自由变换"调节框，按住 Shift 键并平行向右移动复制线条，如图 8-111 所示，按 Enter 键确认。

图 8-110

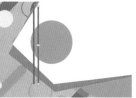

图 8-111

㊳ 按快捷键 Ctrl+Alt+Shift+T，重复上一次的移动复制操作，复制多个线条图形。在"图层"面板中合并所有移动复制的图形，并将其重命名为"线条"，如图 8-112 所示。

图 8-112

㊳ 按住 Ctrl 键，单击"线条"图层的缩览图，载入线条外轮廓选区，如图 8-113 所示。

㊵ 单击"线条"图层的"指示图层可见性"按钮 ◉，隐藏"线条"图层，并选择"圆形 5"图层，按 Delete 键删除选区内容，如图 8-114 所示，按快捷键 Ctrl+D 取消选区。

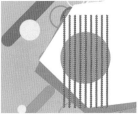

图 8-113 　　　　　　　　　 图 8-114

㊶ 按快捷键 Ctrl+T，打开"自由变换"调节框，旋转圆形的角度，如图 8-115 所示，按 Enter 键确认。

图 8-115

㊷ 按快捷键 Ctrl+Alt+T，打开"自由变换"调节框，移动复制图形并调整其大小和位置，如图 8-116 所示，按 Enter 键确认。

㊸ 在"图层"面板中单击"圆形 5 拷贝"的"锁定透明像素"按钮 ⊠，设置前景色为黄色（ R:255，G:225，B:49 ），并按快捷键 Alt+Delete，填充图形，如图 8-117 所示。

图 8-116 　　　　　　　　　 图 8-117

㊹ 选择"横排文字工具" T.，设置前景色为玫红色（ R:250，G:57，B:102 ），输入主题文字，并按住 Ctrl 键，旋转文字的角度，如图 8-118 所示。

图 8-118

> **提示**
>
> 使用"横排文字工具" T.输入文字时，在输入状态下按住 Ctrl 键，可以打开文字调节框，通过调整调节框可以旋转文字的角度，松开 Ctrl 键，则立即关闭调节框。

㊺ 双击文字图层，打开"图层样式"对话框，勾选"斜面和浮雕"复选框，设置"深度"为 100%，"大小"为 7 像素，如图 8-119 所示。

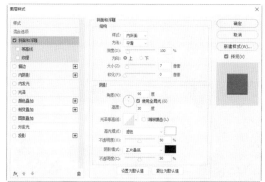

图 8-119

㊻ 勾选"等高线"复选框，在"等高线"下拉列表中选择"半圆"等高线，如图 8-120 所示。

图 8-120

㊼ 勾选"描边"复选框，设置"大小"为 9 像素，"位置"为"外部"，"颜色"为黄色（ R:255，G:225，B:49 ），如图 8-121 所示。

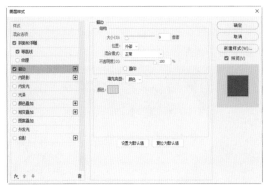

图 8-121

④⑧ 单击"确定"按钮（确定），为文字添加图层样式后的效果如图 8-122 所示。

图 8-122

④⑨ 选择"圆角矩形工具"（□.），设置选项栏中的"选择工具模式"为"形状"，"半径"为 40 像素，前景色为玫红色（R:250，G:57，B:102），绘制圆角矩形，并旋转图形的角度，如图 8-123 所示。

图 8-123

⑤⓪ 选择"横排文字工具"（T.），分别输入广告宣传文字，如图 8-124 所示。

图 8-124

8.4.2　店铺通知类

除了淘宝本身的活动之外，在店庆或节假日，如春节、情人节和国庆节等期间，淘宝店家自己也会开展一些促销活动来回馈老客户，并吸引新客户。此时所展示的海报就是店铺通知类首屏海报。图 8-125 所示的海报就是

商铺开展自身活动时放在首页的海报。

图 8-125

实战：国庆节通知海报

素材位置　素材文件>CH08>15-红包雨.tif、16-红包礼盒.tif、17-金币袋.tif、18-优惠券.tif
实例位置　实例文件>CH08>实战：国庆节通知海报.psd
视频名称　实战：国庆节通知海报.mp4
实用指数　★★★★☆
技术掌握　掌握店铺通知类海报的制作方法

制作的国庆节通知海报最终效果如图 8-126 所示。

图 8-126

❶ 执行"文件 > 新建"命令，打开"新建文档"对话框，并将文件命名为"国庆节通知海报"，设置"宽度"为 1920 像素，"高度"为 900 像素，"分辨率"为 150 像素/英寸，如图 8-127 所示，单击"创建"按钮。

图 8-127

❷ 设置前景色为粉红色（R:255，G:193，B:196），按快捷键 Alt+Delete 填充图层，如图 8-128 所示。

图 8-128

③ 设置前景色为红色（R:255，G:101，B:109），选择"钢笔工具" ⬧，在选项栏中设置"选择工具模式"为"形状"，绘制形状路径，如图 8-129 所示。

图 8-129

┌ 提示 ┐

在绘制形状路径时，需要将窗口放大，画布保持不变，因为在进行之后的旋转复制操作时，需要用户绘制的图形填满画布，所以绘制的形状路径需要超出画布。

④ 按快捷键 Ctrl+Alt+T，打开"自由变换"调节框，按住 Alt 键，在图 8-130 所示的位置单击，确定旋转图形的中心点位置。

⑤ 旋转复制形状路径图形，如图 8-131 所示，按 Enter 键确认。

图 8-130　　　　　　　图 8-131

⑥ 按快捷键 Ctrl+Alt+Shift+T，重复上一次的移动复制操作，复制多个图形，如图 8-132 所示。

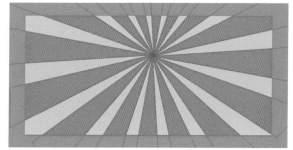

图 8-132

⑦ 按快捷键 Ctrl+O，打开"素材文件 \CH08\15-红包雨 .tif"素材图片，如图 8-133 所示。

图 8-133

⑧ 选择"移动工具" ⊕，拖曳红包雨图像到"国庆节通知海报"文档中，并调整图像的位置，如图 8-134 所示。

图 8-134

⑨ 设置前景色为黄色（R:255，G:215，B:76），选择"横排文字工具" T，分别输入文字，如图 8-135 所示。

图 8-135

⑩ 在"图层"面板中，按住 Shift 键，同时选择输入的文字图层，按快捷键 Ctrl+E 合并图层，并将其重命名为"主题文字"，如图 8-136 所示。

图 8-136

⑪ 双击"主题文字"图层，打开"图层样式"对话框，勾选"斜面和浮雕"复选框，设置"光泽等高线"为"画圆步骤"，"高光模式"颜色为黄色（R:242,G:248,B:85），"阴影模式"颜色为深灰色（R:50，G:51，B:51），如图 8-137 所示。

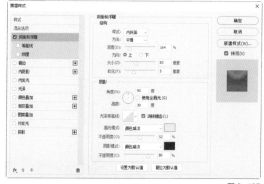

图 8-137

⑫ 勾选"内发光"复选框，设置"颜色"为黄色（R:255，G:246，B:6），如图 8-138 所示。

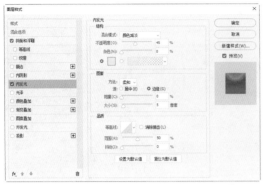

图 8-138

⑬ 勾选"光泽"复选框，设置"混合模式"为"正常"，"颜色"为棕色（R:183，G:98，B:7），"等高线"为"环形-双"，如图 8-139 所示。

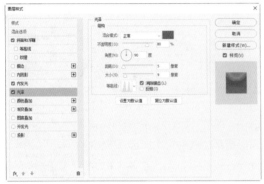

图 8-139

⑭ 勾选"渐变叠加"复选框，单击"渐变"按钮，打开"渐变编辑器"对话框，设置"位置 0"的颜色为黄色（R:255，G:215，B:76），"位置 50"的颜色为淡黄色（R:242，G:231，B:180），"位置 100"的颜色为黄色（R:255，G:215，B:76），单击"确定"按钮，如图 8-140 所示。

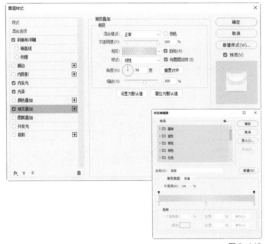

图 8-140

⑮ 勾选"投影"复选框，设置"混合模式"为"正常"，"颜色"为红色（R:201，G:64，B:96），如图 8-141 所示。

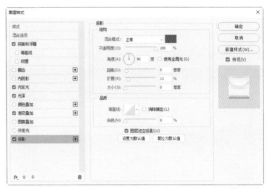

图 8-141

⑯ 单击"确定"按钮，制作的主题文字效果如图 8-142 所示。

图 8-142

⑰ 按住 Ctrl 键，单击"主题文字"图层的缩览图，载入文字外轮廓选区，如图 8-143 所示。

图 8-143

⑱ 执行"选择>修改>扩展"命令，打开"扩展选区"对话框，设置"扩展量"为 16 像素，如图 8-144 所示，单击"确定"按钮。

图 8-144

⑲ 在"主题文字"图层的下一层新建图层，并将其命名为"投影"，设置前景色为淡黄色（R:255，G:255，B:206），并按快捷键 Alt+Delete，填充选区，如图 8-145 所示，按快捷键 Ctrl+D 取消选区。

图 8-145

⑳ 双击"投影"图层，打开"图层样式"对话框，勾选"投影"复选框，设置"颜色"为红色（R:213，G:5，B:0），如图 8-146 所示。

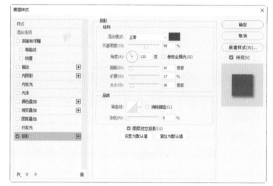

图 8-146

㉑ 单击"确定"按钮，添加投影后的效果如图 8-147 所示。

图 8-147

㉒ 打开"16-红包礼盒.tif"素材图片，如图 8-148 所示。

图 8-148

㉓ 选择"移动工具"，拖曳红包礼盒图像到"国庆节通知海报"文档中，将该图层调整到"红包雨"的下一层，并调整图像的位置，如图 8-149 所示。

图 8-149

㉔ 打开"17-金币袋.tif"素材图片，如图 8-150 所示。

图 8-150

㉕ 选择"移动工具"，拖曳金币袋图像到"国庆节通知海报"文档中，并按快捷键 Ctrl+T，调整图像的大小和位置，如图 8-151 所示，按 Enter 键确认。

图 8-151

㉖ 选择"横排文字工具"，输入白色宣传文字，如图 8-152 所示。

图 8-152

㉗ 双击文字图层，打开"图层样式"对话框，勾选"斜面和浮雕"复选框，设置"光泽等高线"为"高斯"，"高光模式"颜色为白色，"阴影模式"颜色为深灰色（R:50，G:51，B:51），如图 8-153 所示。

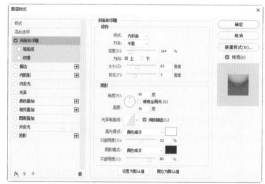

图 8-153

㉘ 勾选"内发光"复选框，设置"颜色"为淡黄色（R:231，G:229，B:180），如图 8-154 所示。

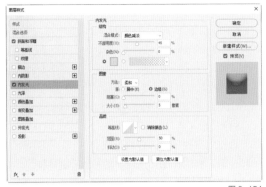

图 8-154

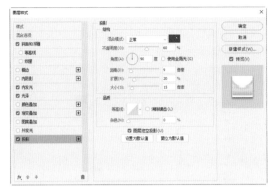

图 8-157

㉙ 勾选"光泽"复选框，设置"混合模式"为"颜色减淡"，"颜色"为白色，"等高线"为"高斯"，如图 8-155 所示。

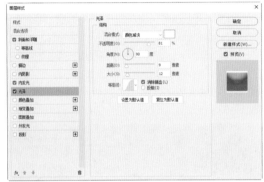

图 8-155

㉚ 勾选"渐变叠加"复选框，单击"渐变"按钮，打开"渐变编辑器"对话框，设置"位置 0"的颜色为深灰色（R:153，G:152，B:153），"位置 50"的颜色为浅灰色（R:209，G:209，B:209），"位置 100"的颜色为深灰色（R:146，G:146，B:146），单击"确定"按钮，如图 8-156 所示。

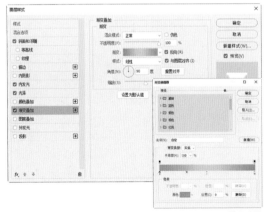

图 8-156

㉛ 勾选"投影"复选框，设置"混合模式"为"正常"，"颜色"为红色（R:213，G:5，B:0），如图 8-157 所示。

㉜ 单击"确定"按钮，制作的文字效果如图 8-158 所示。

图 8-158

㉝ 选择"横排文字工具"，输入白色宣传文字，然后绘制装饰横线，如图 8-159 所示。

图 8-159

㉞ 打开"18- 优惠券 .tif"素材图片，如图 8-160 所示。

图 8-160

㉟ 选择"移动工具"，拖曳优惠券图像到"国庆节通知海报"文档中，并调整图像的位置，如图 8-161 所示。

图 8-161

淘宝美工
全能一本通

第 9 章

淘宝
促销活动
广告设计

学习重点　　　促销广告的分类　|　促销广告的目的　|　促销广告的设计准则　|　常见的促销活动广告设计

由于促销广告在网店首页占据了较大面积，其设计空间也比较大，因此美工要清楚地知道广告要表达的主题。

9.1.1 牢记尺寸格式规范

考虑到广告的展现效果，为了避免广告海报出现变形的情况，广告海报的尺寸有一定的规范。一般海报的宽度为 800 像素、1024 像素、1280 像素、1440 像素、1680 像素和 1920 像素，高度可随意调整，建议 150~700 像素。例如，1440 像素 ×650 像素，如图 9-1 所示；1280 像素 ×400 像素，如图 9-2 所示；1024 像素 ×400 像素，如图 9-3 所示。注意广告海报的尺寸越大，图片就越精细，但加载的速度就越慢。

图 9-1

图 9-2

图 9-3

9.1.2 突出活动主题

促销活动的主题由促销内容、产品和时间等要素构成。在设计过程中，不同的活动主题有不同的表现形式和风格。在准确表现品牌理念和形象的前提下，运用色彩、图形或透视角度等方式来凸显活动的主题，其最终的目

的是向消费者清晰明确地传达本次活动的优惠方式和力度。

* 开业促销活动

开业促销活动只有一次，是否成功，对顾客今后是否光顾有决定性影响，所以设计时应予以重视，如图 9-4 所示。

图 9-4

* 节庆促销活动

节庆促销活动是指结合各种节日和庆典开展的促销活动。其中，节日包括春节、国庆节、妇女节、情人节、母亲节或中秋节等。这时的促销活动一方面烘托了节日的气氛，另一方面也为顾客提供了实惠折扣，如图 9-5 和图 9-6 所示。

图 9-5

图 9-6

● 例行性促销活动

一般而言，例行性促销活动是指为了配合社会风俗或回馈老客户等而举办的活动，用于吸引新顾客，提高老顾客的购买量，如图9-7所示。

图9-7

9.2 淘宝常见促销活动广告

淘宝有多种促销活动类型,其中较为重要的是节庆促销和例行性促销,如店铺开业、周年庆活动和节日促销活动等,接下来将讲解这些促销活动的广告制作案例。

9.2.1 店庆促销

店庆促销活动的重要性仅次于开业促销。店庆促销除了能增大销量以外，更多的是回馈老客户，吸引新客户，所以店庆促销广告不但要表现出一些抢眼的效果，而且要注重活动的优惠力度。

实战：周年庆促销活动设计

素材位置　素材文件>CH09>4-烟花.tif、5-彩带.tif、6-红包.tif、7-促销标签.tif
实例位置　实例文件>CH09>实战：周年庆促销活动设计.psd
视频名称　实战：周年庆促销活动设计.mp4
实用指数　★★★★☆
技术掌握　掌握周年庆促销活动广告的设计方法

周年庆促销活动广告的最终效果如图9-8所示。

图9-8

① 执行"文件>新建"命令，打开"新建文档"对话框，并将文件命名为"周年庆促销活动设计"，设置"宽度"为1920像素，"高度"为1000像素，"分辨率"为96像素/英寸，如图9-9所示，单击"创建"按钮。

图9-9

② 设置前景色为紫色（R:149，G:61，B:209），按快捷键Alt+Delete填充选区，如图9-10所示。

图9-10

③ 设置前景色为浅紫色（R:213，G:88，B:254），选择"渐变工具" ，单击选项栏中的"点按可编辑渐变"按钮 ，打开"渐变编辑器"对话框，在"基础"中选择"前景色到透明渐变"样式，如图9-11所示，单击"确定"按钮 。

图9-11

④ 新建"图层1"，单击选项栏中的"径向渐变"按钮 ，在右下部分按住鼠标左键拖曳，如图9-12所示。

图9-12

❺ 新建"图层2"，设置前景色为深紫色（R:111, G:64, B:241），使用"渐变工具" ，在上面部分按住鼠标左键拖曳，如图 9-13 所示。

图 9-13

❻ 新建"图层3"，设置前景色为蓝紫色（R:95, G:95, B:241），使用"渐变工具" ，在上半部分按住鼠标左键拖曳，如图 9-14 所示。

图 9-14

❼ 设置图层混合模式为"颜色减淡"，"不透明度"为 50%，如图 9-15 所示。

图 9-15

❽ 新建"图层4"，设置前景色为蓝绿色（R:52, G:191, B:184），使用"渐变工具" ，在左上部分按住鼠标左键拖曳，如图 9-16 所示。

图 9-16

❾ 在"背景"图层中单击鼠标右键，在弹出的快捷菜单中选择"拼合图像"命令，合并所有图层，如图 9-17 所示。

图 9-17

❿ 新建图层，并将其命名为"矩形条"，设置前景色为浅蓝色（R:115, G:255, B:251），选择"矩形选框工具" ，绘制矩形选区，按快捷键 Alt+Delete，填充选区，如图 9-18 所示，按快捷键 Ctrl+D 取消选区。

图 9-18

⓫ 按快捷键 Ctrl+T，调整矩形的位置和旋转角度，如图 9-19 所示，按 Enter 键确认。

⓬ 按快捷键 Ctrl+Alt+T，然后按住 Shift 键向右拖曳鼠标，平行移动复制图形，如图 9-20 所示，按 Enter 键确认。

图 9-19　　　　　　　　　　　　图 9-20

⓭ 按快捷键 Ctrl+Alt+Shift+T，重复上一步的移动复制操作，多次复制矩形条，直至铺满画布，如图 9-21 所示。

图 9-21

⑭ 在"图层"面板中，按住 Shift 键的同时选中所有的矩形条图层，按快捷键 Ctrl+E，合并除背景以外的所有图层，并将其重命名为"矩形条"，如图 9-22 所示。

图 9-22

⑮ 双击"矩形条"图层，打开"图层样式"对话框，勾选"投影"复选框，设置"不透明度"为 50%，"大小"为 20 像素，如图 9-23 所示。

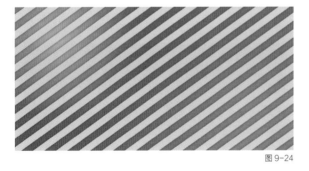

图 9-23

⑯ 单击"确定"按钮（确定），为图形添加投影后的效果如图 9-24 所示。

图 9-24

⑰ 在"图层"面板中，设置图层混合模式为"叠加"，"不透明度"为 20%，如图 9-25 所示。

图 9-25

⑱ 打开"4-烟花.tif"素材图片，如图 9-26 所示。

图 9-26

⑲ 选择"移动工具" ，拖曳"4-烟花.tif"到"周年庆促销活动设计"文档中，并按快捷键 Ctrl+T，调整图像的大小和位置，如图 9-27 所示，按 Enter 键确认。

图 9-27

⑳ 设置图层的"不透明度"为 60%，如图 9-28 所示。

图 9-28

㉑ 打开"5-彩带.tif"素材图片，如图 9-29 所示。

图 9-29

㉒ 选择"移动工具" ，拖曳"5-彩带.tif"到"周年庆促销活动设计"文档中，并调整图像的位置和大小，如图 9-30 所示。

图 9-30

㉓ 选择"横排文字工具" T.，输入白色数字，如图 9-31 所示。

图 9-31

㉔ 在"图层"面板中双击文字图层，打开"图层样式"对话框，勾选"描边"复选框，设置"大小"为 3 像素，"颜色"为白色，如图 9-32 所示。

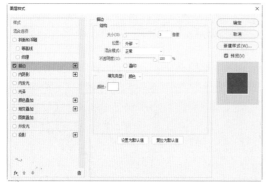

图 9-32

㉕ 勾选"内阴影"复选框，设置"颜色"为墨蓝色（R:9，G:91，B:122），其他参数设置如图 9-33 所示。

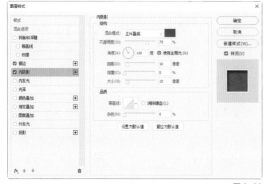

图 9-33

㉖ 勾选"渐变叠加"复选框，单击"渐变"按钮，打开"渐变编辑器"对话框，设置"位置 0"的颜色为浅蓝色（R:39，G:200，B:182），"位置 100"的颜色为深紫色（R:111，G:64，B:241），单击"确定"按钮 确定 ，如图 9-34 所示。

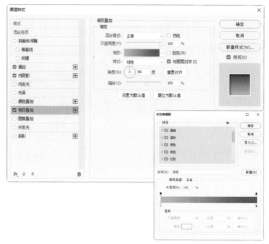

图 9-34

㉗ 勾选"投影"复选框，设置"混合模式"为"正常"，"颜色"为白色，其他参数设置如图 9-35 所示。

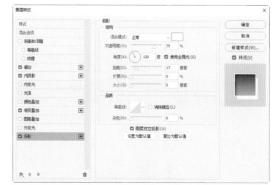

图 9-35

㉘ 单击"确定"按钮 确定 ，为数字添加图层样式后的效果如图 9-36 所示。

图 9-36

㉙ 按住 Ctrl 键，单击"矩形条"图层的缩览图，载入图形外轮廓选区，如图 9-37 所示。

图 9-37

㉚ 新建"图层1"，设置前景色为白色，按快捷键 Alt+Delete 填充图层，如图 9-38 所示。

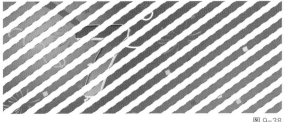

图 9-38

㉛ 按住 Ctrl 键，单击数字"7"所在图层的缩览图，载入其外轮廓选区，如图 9-39 所示。

图 9-39

㉜ 按快捷键 Ctrl+Shift+I 反选选区，并按 Delete 键，删除选区内容，如图 9-40 所示，按快捷键 Ctrl+D 取消选区。

图 9-40

㉝ 在"图层"面板中设置图层混合模式为"叠加"，如图 9-41 所示。

图 9-41

㉞ 选择"横排文字工具" T.，输入白色文字，如图 9-42 所示。

图 9-42

㉟ 按快捷键 Ctrl+T，打开"自由变换"调节框，按住 Ctrl+Shift 组合键拖曳调节框上方的控制点，向右平行调节文字的倾斜度，如图 9-43 所示，按 Enter 键确认。

图 9-43

㊱ 按快捷键 Ctrl+J，复制文字图层，调整拷贝图层到文字图层的下一层，并向右下移动拷贝文字，如图9-44所示。

图 9-44

㊲ 双击拷贝文字图层，打开"图层样式"对话框，勾选"渐变叠加"复选框，单击"渐变"按钮 ，打开"渐变编辑器"对话框，设置"位置 0"的颜色为浅蓝色（R:40，G:199，B:183），"位置 100"的颜色为浅紫色（R:208，G:117，B:250），单击"确定"按钮 ，如图 9-45 所示。

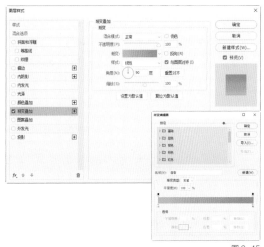

图 9-45

38 单击"确定"按钮 确定，为拷贝文字添加渐变图层样式后的效果如图 9-46 所示。

图 9-46

39 运用同样的方法，使用"横排文字工具"T.输入白色文字，调整文字的倾斜度，如图 9-47 所示，按 Enter 键确认。

40 按快捷键 Ctrl+J，复制文字图层，调整拷贝图层到文字图层的下一层，并向右下移动拷贝文字，如图 9-48 所示。

图 9-47　　　　　　　　　图 9-48

41 双击拷贝文字图层，打开"图层样式"对话框，勾选"渐变叠加"复选框，单击"渐变"按钮 ，打开"渐变编辑器"对话框，设置"位置 0"的颜色为深紫色（R:111，G:64，B:241），"位置 100"的颜色为浅紫色（R:208，G:117，B:250），单击"确定"按钮 确定，如图 9-49 所示。

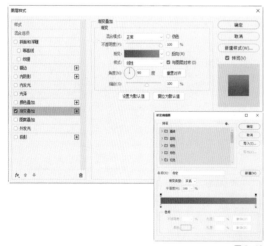

图 9-49

42 单击"确定"按钮 确定，为拷贝文字添加渐变图层样式后的效果如图 9-50 所示。

图 9-50

43 运用同样的方法，使用"横排文字工具"T.输入英文，调整英文的倾斜度，如图 9-51 所示，按 Enter 键确认。

44 按快捷键 Ctrl+J，复制文字图层，调整拷贝图层到文字图层的下一层，并向右下移动拷贝文字，如图 9-52 所示。

图 9-51　　　　　　　　　图 9-52

45 双击拷贝文字图层，打开"图层样式"对话框，勾选"渐变叠加"复选框，单击"渐变"按钮 ，打开"渐变编辑器"对话框，设置"位置 0"的颜色为浅蓝色（R:40，G:199，B:183），"位置 100"的颜色为浅紫色（R:208，G:117，B:250），单击"确定"按钮 确定，如图 9-53 所示。

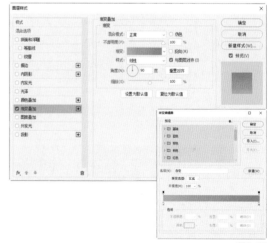

图 9-53

46 单击"确定"按钮 确定，为拷贝文字添加渐变图层样式后的效果如图 9-54 所示。

图 9-54

㊻ 在"图层"面板中，按住 Shift 键的同时选中所有的文字图层，按快捷键 Ctrl+E，合并所有文字图层，并将其重命名为"主题文字"，如图 9-55 所示。

图 9-55

㊼ 按住 Ctrl 键，单击"主题文字"图层的缩览图，载入其外轮廓选区，如图 9-56 所示。

图 9-56

㊽ 执行"选择 > 修改 > 扩展"命令，打开"扩展选区"对话框，设置"扩展量"为 20 像素，如图 9-57 所示，单击"确定"按钮（确定）。

㊾ 选择"渐变工具" █，单击选项栏中的"点按可编辑渐变"按钮 ▣，打开"渐变编辑器"对话框，设置"位置 0"的颜色为橙色（R:250, G:130, B:53），"位置 100"的颜色为黄色（R:254, G:212, B:14），如图 9-58 所示，单击"确定"按钮（确定）。

图 9-57　　　　　　　　　图 9-58

㊿ 在主题文字的下一层新建图层，并将其命名为"渐变

色"，单击选项栏中的"径向渐变"按钮 ▣，在选区中部按住鼠标左键拖曳，如图 9-59 所示，按快捷键 Ctrl+D 取消选区。

图 9-59

52 双击"渐变色"图层，打开"图层样式"对话框，勾选"描边"复选框，设置"大小"为 6 像素，"不透明度"为 100%，"颜色"为白色，如图 9-60 所示。

图 9-60

53 勾选"投影"复选框，设置"混合模式"为"正常"，"颜色"为浅蓝色（R:56, G:190, B:204），"不透明度"为 100%，"距离"为 24 像素，如图 9-61 所示。

图 9-61

54 单击"确定"按钮（确定），为文字添加图层样式后的效果如图 9-62 所示。

图 9-62

55 打开“6-红包.tif”素材图片，如图 9-63 所示。

56 选择“多边形套索工具”，选取红包图像，如图 9-64 所示。

图 9-63

图 9-64

57 选择“移动工具”，拖曳选区图像到“周年庆促销活动设计”文档中，并按快捷键 Ctrl+T，调整图像的大小和位置，如图 9-65 所示，按 Enter 键确认。

图 9-65

58 运用同样的方法，在打开的“6-红包.tif”素材图片中，使用“多边形套索工具”分别选取红包和金币图像，然后使用“移动工具”分别拖曳选区图像到“周年庆促销活动设计”文档中，调整图像的大小、位置和旋转角度，如图 9-66 所示。

图 9-66

59 使用“横排文字工具”分别输入白色和浅蓝色广告宣传文字，如图 9-67 所示。

图 9-67

60 打开“7-促销标签.tif”素材图片，如图 9-68 所示。

图 9-68

61 选择“移动工具”，拖曳促销标签图像到“周年庆促销活动设计”文档中，并按快捷键 Ctrl+T，调整图像的大小和位置，如图 9-69 所示，按 Enter 键确认。

图 9-69

9.2.2 节日促销

节日促销是指利用元旦、春节、元宵节、儿童节、端午节、“双十一”和中秋节等传统及现代的节庆来开展营销活动，以吸引大量顾客前来购物。下面的实战是“双十一”促销活动设计。

实战：“双十一”促销活动设计

素材位置 无

实例位置 实例文件>CH09>实战：“双十一”促销活动设计.psd

视频名称 实战：“双十一”促销活动设计.mp4

实用指数 ★★★★☆

技术掌握 掌握“双十一”促销活动广告的设计方法

“双十一”促销活动设计的最终效果如图 9-70 所示。

图 9-70

1 执行“文件 > 新建”命令，打开“新建文档”对话框，并将文件命名为“双十一促销活动设计”，设置“宽度”为 1920 像素，“高度”为 1000 像素，“分辨率”为 96 像素 / 英寸，如图 9-71 所示，单击“创建”按钮。

图 9-71

② 设置前景色为玫红色（R:248，G:52，B:126），按快捷键 Alt+Delete 填充图层，如图 9-72 所示。

图 9-72

③ 新建图层，并将其命名为"圆形 1"，设置前景色为白色，选择"椭圆选框工具" ◯，按住 Shift 键绘制圆形选区，按快捷键 Alt+Delete 填充选区，如图 9-73 所示，按快捷键 Ctrl+D 取消选区。

图 9-73

④ 设置前景色为玫红色（R:248，G:52，B:126），背景色为白色，执行"滤镜 > 滤镜库"命令，在弹出的对话框右侧选择"素描 > 半调图案"命令，设置"图案类型"为"直线"，如图 9-74 所示。

 提示

由于"半调图案"命令是随着前景色和背景色的变化而变化的，所以在执行该命令之前要先设置好前景色和背景色。

图 9-74

⑤ 单击"确定"按钮 确定，滤镜半调图案效果如图 9-75 所示。

图 9-75

⑥ 按快捷键 Ctrl+J，复制制作的图形，并调整图形到右下方，如图 9-76 所示。

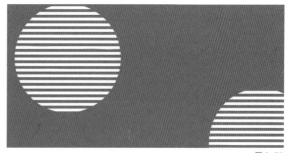

图 9-76

⑦ 选择"钢笔工具" ◊.，绘制手形路径，如图 9-77 所示。

⑧ 新建图层，并将其命名为"手形"，按快捷键 Ctrl+Enter，将绘制的路径转换为选区。设置前景色为黄色（R:254，G:227，B:94），按快捷键 Alt+Delete 填充选区，如图 9-78 所示，按快捷键 Ctrl+D 取消选区。

图 9-77　　　　　　　图 9-78

⑨ 选择"移动工具" ⊕.，调整手形的位置，如图 9-79 所示。

图 9-79

⑩ 按快捷键 Ctrl+J，复制手形，并调整手形的位置，如图 9-80 所示。

图 9-80

⑪ 单击拷贝图层的"锁定透明像素"按钮◙，设置前景色为白色，按快捷键 Alt+Delete 填充图形，并设置图层的"不透明度"为 20%，如图 9-81 所示。

图 9-81

⑫ 选择"手形"图层，按快捷键 Ctrl+J，复制手形，单击拷贝图层的"锁定透明像素"按钮◙，设置前景色为深紫色（R:93,G:50,B:121），按快捷键 Alt+Delete 填充图形，按快捷键 Ctrl+T，调整图形的大小和位置，如图 9-82 所示，按 Enter 键确认。

图 9-82

⑬ 选择"手形"图层，按快捷键 Ctrl+J，再次复制手形，并将图形调整到右下方，如图 9-83 所示。

图 9-83

⑭ 选择"画笔工具"✐，单击选项栏中的"切换画笔

设置面板"按钮◙，打开"画笔设置"面板，设置画笔样式为"尖角 123"，"大小"为 220 像素，"间距"为 200%，如图 9-84 所示。

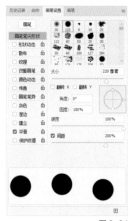
图 9-84

⑮ 勾选"形状动态"复选框，设置"大小抖动"为 100%，如图 9-85 所示。

⑯ 勾选"散布"复选框，设置"散布"为 649%，如图 9-86 所示。

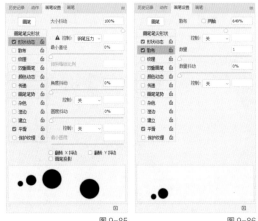
图 9-85　　　　　　图 9-86

⑰ 新建图层，并将其命名为"圆点"，设置前景色为深紫色（R:93，G:50，B:121），按住鼠标左键拖曳，绘制圆点，如图 9-87 所示。

图 9-87

⑱ 设置前景色分别为浅蓝色（R:114，G:236，B:213）和白色，分别绘制圆点，如图 9-88 所示。

图 9-88

⑲ 新建图层，并将其命名为"圆形 2"，设置前景色为黑色，选择"椭圆选框工具" ◯，按住 Shift 键绘制圆形选区，并按快捷键 Alt+Delete 填充选区，如图 9-89 所示，按快捷键 Ctrl+D 取消选区。

图 9-89

⑳ 新建图层，并将其命名为"圆形 3"，设置前景色为白色，选择"椭圆选框工具" ◯，按住 Shift 键绘制圆形选区，并按快捷键 Alt+Delete 填充选区，如图 9-90 所示，按快捷键 Ctrl+D 取消选区。

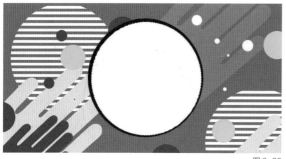

图 9-90

㉑ 设置背景色为黑色，执行"滤镜 > 风格化 > 拼贴"命令，打开"拼贴"对话框，参数设置如图 9-91 所示。

> **提示**
>
> 使用"拼贴"命令时，首先要设置背景色，因为该命令拼贴的裂缝颜色是随着背景色的变化而变化的。所以在此需要将背景色设置为黑色，这样才能让拼贴裂缝与黑色圆形融合，体现出一种错位且不规则的效果。

图 9-91

㉒ 单击"确定"按钮 确定 ，执行"拼贴"命令后的效果如图 9-92 所示。

图 9-92

㉓ 选择"横排文字工具" T.，设置前景色为深紫色（R:93，G:50，B:121），分别输入标题文字，如图 9-93 所示。

图 9-93

㉔ 双击文字图层，打开"图层样式"对话框，勾选"投影"复选框，设置"颜色"为蓝绿色（R:56，G:190，B:204），"不透明度"为 100%，"距离"为 10 像素，如图 9-94 所示。

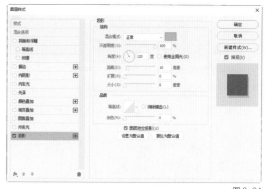

图 9-94

㉕ 单击"确定"按钮 确定 ，为文字添加蓝绿色投影后的效果如图 9-95 所示。

图 9-95

㉖ 选择"横排文字工具" T.，设置前景色为浅蓝色（R:118，G:210，B:220），分别输入文字，如图 9-96 所示。

图 9-96

㉗ 双击文字图层，打开"图层样式"对话框，勾选"投影"复选框，设置"颜色"为蓝绿色（R:56，G:190，B:204），"不透明度"为 100%，"距离"为 4 像素，如图 9-97 所示。

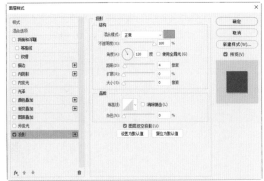

图 9-97

㉘ 单击"确定"按钮 确定 ，为文字添加蓝绿色投影后的效果如图 9-98 所示。

图 9-98

㉙ 选择"横排文字工具" T.，设置前景色为玫红色（R:248，G:52，B:126），输入"女装"文字，如图 9-99 所示。

图 9-99

㉚ 双击文字图层，打开"图层样式"对话框，勾选"投影"复选框，设置"颜色"为蓝绿色（R:56，G:190，B:204），"不透明度"为 100%，"距离"为 5 像素，如图 9-100 所示。

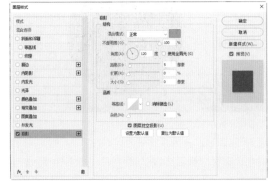

图 9-100

㉛ 单击"确定"按钮 确定 ，制作完成后的效果如图 9-101 所示。

图 9-101

淘宝美工
全能一本通

第 10 章

首页
热销区与展架

学习重点　　　　认识热销区　|　热销区的特征　|　展架制作要点　|　热销区设计　|　展架设计

在店铺首页设计中，热销区和商品展架是必不可少的组成元素，这两个区域的根本目的是相同的，都是为了向消费群体展示店内商品，但从店铺设计和促进消费的角度来说，两者又有一定的区别，热销区中主要选择店内畅销热卖、主推的商品进行设计展示，如镇店之宝和爆款商品等，而展架中主要展示店内其他商品、店铺推荐和新品等。

在网店设计中随处可见形式多样的热销区，其设计必须有号召力和感染力。热销区中的活动信息要简洁、鲜明，能达到引人注目的视觉效果，如图 10-1 所示。

图 10-1

对热销区进行创意设计，将店铺商品信息和活动促销信息合理地排列到热销区中，直观地将信息传达给顾客，吸引顾客的注意力，如图 10-2 所示。

图 10-2

热销区的设计如图 10-3 所示，可以在顾客进入店铺时，给顾客留下深刻的印象，吸引顾客的注意，使其深入浏览，进而将商品加入购物车。

图 10-3

在顾客进入店面首页时，将店铺最新、最优惠和销量最好的商品直观地展示出来，可以增强顾客的购买欲，从而增加交易量，如图 10-4 所示。

图 10-4

展架就是用于摆放销售商品的展示架，网店的展架和实体店的展架的作用是一样的，好的展架设计不仅可以美化商品，还能给商品带来附加值，提高商品的档次，如图 10-5 和图 10-6 所示。

图 10-5

图 10-6

一个富有创意的展架可以给人眼前一亮的视觉感受，如图 10-7 所示。

图 10-7

在淘宝店铺中，可以为推荐的商品设计活动板块，以吸引顾客，让顾客了解到最新的商品信息，如图 10-8 和图 10-9 所示。

图 10-8

图 10-9

在网店装修时，热销区需要根据店铺的级别进行设计，基础版本店铺的热销区宽度一般为 750 像素或 190

像素，不超过 950 像素，高度可根据需要进行调整，如图 10-10 所示；展架的宽度一般为 950 像素或 750 像素，如图 10-11 所示，建议与热销区的宽度保持一致，这样整体效果会好一些。

图 10-10

图 10-11

天猫店铺热销区的首页宽度一般为 990 像素、790 像素或 190 像素，展架的宽度一般为 990 像素或 790 像素，高度可根据需要进行调整，如图 10-12~ 图 10-14 所示。

图 10-12

图 10-13

图 10-14

提示

在制作热销区时，最好根据店铺的尺寸进行设计，这样展示效果会更好。

10.2 热销区的特征

淘宝热销区一般在首页位置，用来宣传商品和引导顾客浏览店铺商品。根据装修需要，也可以将其放置在店铺中间或底部位置。下面介绍热销区的特征。

● 主题清晰且吸引人

在店铺装修时，根据活动主题将所要表达的活动信息清晰明了地放置在热销区内，让顾客在进入店铺时，第一时间就能了解到店铺的活动信息，如图10-15 所示。

图 10-15

● 展示与优惠券的呈现

将优惠券与热销区相结合是比较常见的设计方法，

这样做的好处是，能够让顾客体会到比平时更加划算的优惠力度，从而促进销量，如图 10-16 所示。

图 10-16

● 主推商品与设计融合

每个店铺都有自己的主推商品，为了宣传自己的主推商品，在装修店铺时要把它放到热销区中，这样不仅宣传了商品，还丰富了热销区的内容，如图 10-17 和图10-18 所示。

图 10-17

图 10-18

10.3 展架制作要点

一个成功的展架设计，不仅能使页面看起来条理清晰、美观大方，还能让顾客短暂地停留在页面中，并选择进入对应的商品详情页。

10.3.1 商品选择与设计要求

在设计展架时，需要根据店铺的风格和产品的属性进行设计。例如，母婴类的店铺，颜色尽量选用给人安心、宁静的淡蓝色，以及活泼、具有可爱气质的粉红色，布局上要充满童趣元素，如图 10-19 和图 10-20 所示。

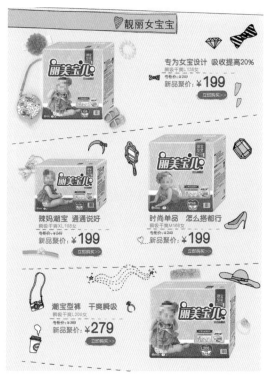

图 10-20

图 10-19

10.3.2 商品与信息的关系

在对展架进行设计时，根据活动的主题及商品的属性，往往会将产品的相关信息或者活动信息结合起来，这类展架的设计可以让顾客在首页浏览时对商品有一个简单的了解，从而引导顾客进入商品详情页，如图 10-21 和图 10-22 所示。

图 10-21

图 10-22

商品热销区与展架设计

为了吸引顾客浏览商品，往往会在首页商品热销区进行创意设计，从而激发顾客的购买欲。店铺中的商品需要使用展架来陈列，好的展架设计可以为商品增添附加值，还能提升店铺的档次。

10.4.1　活动热销区

淘宝店铺中的热销区是店铺内最新、最热卖商品信息展示的区域。下面就来讲解家电类热销区的制作方法。

实战：家电类活动热销区制作

素材位置　素材文件>CH10> 1-花边.tif、2-装饰植物.tif、3-扫地机器人.tif、4-加湿器.tif
实例位置　实例文件>CH10>实战：家电类活动热销区制作.psd
视频名称　实战：家电类活动热销区制作.mp4
实用指数　★★★★★
技术掌握　掌握家电类活动热销区的制作方法

本案例制作的家电类活动热销区的最终效果如图 10-23 所示。

图 10-23

① 执行"文件>新建"命令，打开"新建文档"对话框，并将文件命名为"家电类活动热销区制作"，设置"宽度"为 1920 像素，"高度"为 3000 像素，"分辨率"为 72 像素/英寸，如图 10-24 所示，单击"创建"按钮。

图 10-24

② 选择"钢笔工具" ∅.，绘制路径，如图 10-25 所示。

③ 按快捷键 Ctrl+Enter，将路径转换为选区，设置前景色为浅蓝色（R:170，G:254，B:255），并按快捷键 Alt+Delete 填充选区，如图 10-26 所示，按快捷键 Ctrl+D 取消选区。

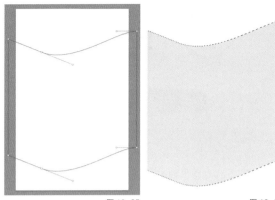

图 10-25　　　　　　　图 10-26

④ 按快捷键 Ctrl+O，打开"素材文件 \CH10\1-花边.tif"素材图片，如图 10-27 所示。

⑤ 选择"移动工具" ⊕.，拖曳花边图像到"家电类活动热销区制作"文档中，并按快捷键 Ctrl+T，调整图像的大小和位置，如图 10-28 所示，按 Enter 键确认。

图 10-27　　　　　　　图 10-28

⑥ 新建图层，并将其命名为"圆形"。设置前景色为白色，选择"椭圆选框工具" ○.，按住 Shift 键绘制圆形选区，并按快捷键 Alt+Delete 填充选区，如图 10-29 所示，按快捷键 Ctrl+D 取消选区。

⑦ 选择"椭圆选框工具" ○.，按住 Shift 键绘制圆形选区，如图 10-30 所示。

图 10-29　　　　　　　图 10-30

⑧ 新建图层，并将其命名为"描边"。执行"编辑 > 描边"命令，打开"描边"对话框，设置"宽度"为 3 像素，"颜色"为黄色（R:246，G:210，B:101），选择"居外"

选项，如图 10-31 所示，单击"确定"按钮 确定 。

图 10-31

⑨ 按快捷键 Ctrl+D 取消选区。选择"圆角矩形工具" ○.，设置选项栏中的"选择工具模式"为"路径"，"半径"为 15 像素，绘制圆角矩形路径，如图 10-32 所示。

⑩ 新建图层，并将其命名为"圆角矩形"，按快捷键 Ctrl+Enter，将路径转换为选区，设置前景色为深蓝色（R:57，G:88，B:130），并按快捷键 Alt+Delete 填充选区，如图 10-33 所示，按快捷键 Ctrl+D 取消选区。

图 10-32　　　　　　　图 10-33

⑪ 选择"横排文字工具" T.，分别在圆形中输入优惠券文字信息，如图 10-34 所示。

图 10-34

⑫ 在"图层"面板中，按住 Ctrl 键，选中除"背景"图层以外的所有图层，并按快捷键 Ctrl+J，复制两个制作的优惠券并调整位置，如图 10-35 所示。

图 10-35

⑬ 选择"横排文字工具" T., 分别在优惠券中更改优惠金额等文字信息, 如图 10-36 所示。

图 10-36

⑭ 在"图层"面板中, 按住 Ctrl 键, 选中除"背景"图层以外的所有图层, 按快捷键 Ctrl+E, 合并图层, 并将图层重命名为"优惠券", 如图 10-37 所示。

图 10-37

⑮ 选择"钢笔工具" Ø., 绘制路径, 如图 10-38 所示。

⑯ 新建图层, 并将其命名为"标题板"。按快捷键 Ctrl+Enter, 将路径转换为选区, 设置前景色为蓝色 (R:70, G:148, B:173), 并按快捷键 Alt+Delete 填充选区, 如图 10-39 所示, 按快捷键 Ctrl+D 取消选区。

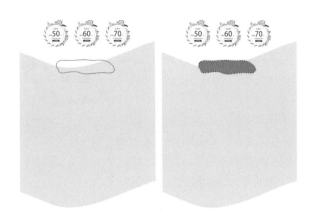

图 10-38   图 10-39

⑰ 在"路径"面板中, 选择绘制的标题板路径, 并按快捷键 Ctrl+T, 打开"自由变换"调节框, 按住 Alt+Shift 键, 拖曳角上的控制点收缩路径, 如图 10-40 所示, 按 Enter 键确认。

图 10-40

⑱ 选择"画笔工具" Ø., 单击选项栏中的"切换画笔设置面板"按钮 Ø, 打开"画笔设置"面板, 设置画笔样式为"尖角 6", "大小"为 6 像素, "间距"为 180%, 如图 10-41 所示。

图 10-41

⑲ 新建图层, 并将其命名为"描边 1"。设置前景色为白色, 打开"路径"面板, 单击面板下方的"用画笔描边路径"按钮 。, 如图 10-42 所示。

图 10-42

⑳ 选择"1- 花边 .tif"素材图片, 选择"移动工具" ✛., 拖曳花边图像到"家电类活动热销区制作"文档中, 并按快捷键 Ctrl+T, 调整图像的大小、位置和旋转角度, 如图 10-43 所示, 按 Enter 键确认。

图 10-43

㉑ 选择"磁性套索工具" ，绘制选区，并按 Delete 键删除选区内容，如图 10-44 所示，按快捷键 Ctrl+D 取消选区。

㉒ 按快捷键 Ctrl+Alt+T，打开"自由变换"调节框，垂直翻转图像，并调整位置，如图 10-45 所示，按 Enter 键确认。

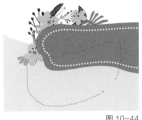
图 10-44

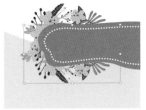
图 10-45

㉓ 运用同样的方法，按快捷键 Ctrl+Alt+T，复制图像并水平翻转，调整位置后的效果如图 10-46 所示。

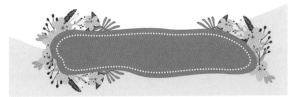
图 10-46

㉔ 选择"横排文字工具" ，设置前景色为白色，在标题板中输入主题文字信息，如图 10-47 所示。

图 10-47

㉕ 选择"钢笔工具" ，绘制路径，如图 10-48 所示。

㉖ 新建图层，并将其命名为"展销板"。按快捷键 Ctrl+Enter，将路径转换为选区，并按快捷键 Alt+Delete，将选区填充为白色，如图 10-49 所示，按快捷键 Ctrl+D 取消选区。

图 10-48

图 10-49

㉗ 在"路径"面板中，选择绘制的展销板路径，并按快捷键 Ctrl+T，打开"自由变换"调节框，按住 Alt+Shift 键，拖曳角上的控制点收缩路径，如图 10-50 所示，按 Enter 键确认。

图 10-50

㉘ 新建图层，并将其命名为"描边 2"。设置前景色为蓝色（R:70，G:148，B:173），选择"画笔工具" ，打开"路径"面板，单击面板下方的"用画笔描边路径"按钮。进行描边，如图 10-51 所示。

图 10-51

㉙ 选择"花边"图层，按快捷键 Ctrl+Alt+T，并旋转复制花边图像，调整位置后的效果如图 10-52 所示，按 Enter 键确认。

图 10-52

㉚ 运用同样的方法，按快捷键 Ctrl+Alt+T，并旋转复制花边图像，调整位置后的效果如图 10-53 所示，按 Enter 键确认。

图 10-53

㉛ 打开"2-装饰植物.tif"素材图片，如图10-54所示。

图 10-54

㉜ 选择"多边形套索工具" ⬧，绘制选区，选择植物图像，如图10-55所示。

图 10-55

㉝ 选择"移动工具" ⊹，拖曳选区图像到"家电类活动热销区制作"文档中，调整图层到"花边 拷贝3"的下一层，并按快捷键Ctrl+T，调整图像的大小和位置，如图10-56所示，按Enter键确认。

图 10-56

㉞ 选择"2-装饰植物.tif"素材图片，选择"多边形套索工具" ⬧，选择植物图像，如图10-57所示。

图 10-57

㉟ 选择"移动工具" ⊹，拖曳植物图像到"家电类活动热销区制作"文档中，并按快捷键Ctrl+T，调整图像的大小、位置和旋转角度，如图10-58所示，按Enter键确认。

图 10-58

㊱ 在"图层"面板中，按住Ctrl键，同时选中"展销板""描边2"和相关的装饰花边图层，按快捷键Ctrl+E，合并图层，并将其重命名为"展销板"，如图10-59所示。

㊲ 按快捷键Ctrl+J，复制"展销板"图层，并按住Shift键垂直向下移动展销板，如图10-60所示。

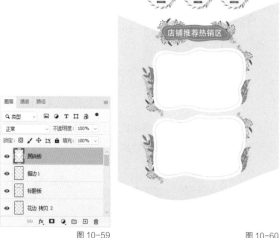

图 10-59

图 10-60

㊳ 打开"3-扫地机器人.tif"素材图片，如图10-61所示。

图 10-61

㊴ 选择"移动工具" ⊹，拖曳扫地机器人图像到"家电类活动热销区制作"文档中，调整商品图片的位置，如图10-62所示。

图 10-62

㊵ 打开"4-加湿器.tif"素材图片，如图10-63所示。

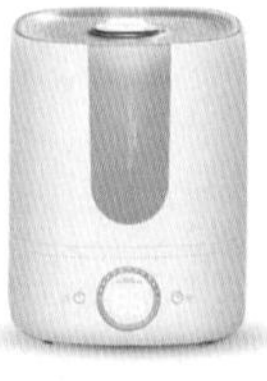

图 10-63

④ 选择"移动工具" ，拖曳加湿器图像到"家电类活动热销区制作"文档中，调整商品图片的位置，如图10-64所示。

图 10-64

④ 新建图层，并将其命名为"圆形"。设置前景色为红色（R:247, G:118, B:139），选择"椭圆选框工具" ，按住Shift键绘制圆形选区，并按快捷键Alt+Delete填充选区，如图10-65所示，按快捷键Ctrl+D取消选区。

图 10-65

④ 选择"横排文字工具" ，设置前景色为白色，在圆形中输入"热销"文字，如图10-66所示。

图 10-66

④ 按住Ctrl键，同时选中"圆形"和"热销"文字图层，按快捷键Ctrl+J复制图层，选择"移动工具" ，调整热销标签到加湿器展销板中，如图10-67所示。

图 10-67

⑤ 新建图层，并将其命名为"线条"，设置前景色为蓝色（R:70, G:148, B:173），选择"矩形选框工具" ，在展销板中绘制选区，并按快捷键Alt+Delete填充选区，如图10-68所示，按快捷键Ctrl+D取消选区。

图 10-68

⑥ 选择"椭圆选框工具" ，按住Shift键绘制圆形选区，如图10-69所示。

图 10-69

⑦ 新建图层，并将其命名为"圆描边"。执行"编辑>描边"命令，打开"描边"对话框，设置"宽度"为2像素，"颜色"为蓝色（R:70, G:148, B:173），选择"居外"选项，如图10-70所示，单击"确定"按钮 。

图 10-70

48 按快捷键 Ctrl+Alt+T，打开"自由变换"调节框，按住 Shift 键水平向右移动复制图形，如图 10-71 所示，按 Enter 键确认。

图 10-71

49 按快捷键 Ctrl+Alt+Shift+T，重复上一次的移动复制操作，复制多个图形，如图 10-72 所示。

图 10-72

50 选择"圆角矩形工具"，设置选项栏中的"选择工具模式"为"路径"，"半径"为 15 像素，在展销板中绘制圆角矩形路径，如图 10-73 所示。

图 10-73

51 新建图层，并将其命名为"圆角矩形"。按快捷键 Ctrl+Enter，将路径转换为选区，设置前景色为红色（R:247，G:118，B:139），并按快捷键 Alt+Delete 填充选区，如图 10-74 所示，按快捷键 Ctrl+D 取消选区。

图 10-74

52 选择"横排文字工具"，分别在展销板中输入扫地机器人的文案信息，如图 10-75 所示。

图 10-75

53 选择"移动工具"，将扫地机器人的文案信息和相关图形复制到加湿器展销板中，并分别更改为加湿器的文案信息，如图 10-76 所示。

图 10-76

54 选择"1-花边.tif"素材图片，选择"钢笔工具"，绘制花的路径，如图 10-77 所示。

图 10-77

55 按快捷键 Ctrl+Enter，将路径转换为选区，如图 10-78 所示。

图 10-78

56 选择"移动工具" ⊕，拖曳选区图像到"家电类活动热销区制作"文档中，按快捷键 Ctrl+T，调整图像的大小和位置，按 Enter 键确认。按快捷键 Ctrl+J，复制多个花朵图像，并分别调整其位置，如图 10-79 所示。

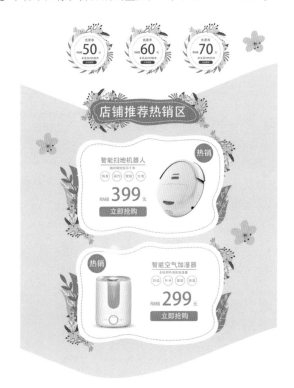

图 10-79

57 选择"多边形套索工具" ⊻，在打开的"2- 装饰植物.tif"图片中选择植物图像，如图 10-80 所示。

图 10-80

58 选择"移动工具" ⊕，拖曳选区图像到"家电类活动热销区制作"文档中，按快捷键 Ctrl+T，调整图像的大小和位置，按 Enter 键确认。用同样的方法，复制图像并调整位置，如图 10-81 所示。

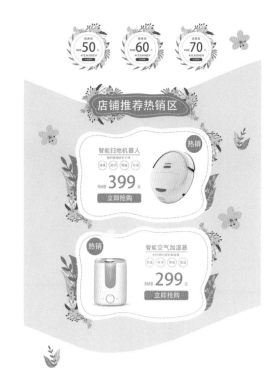

图 10-81

59 运用同样的方法，在打开的"2- 装饰植物.tif"素材图片中，使用"多边形套索工具" ⊻.分别选择植物图像，并选择"移动工具" ⊕，拖曳选区图像到"家电类活动热销区制作"文档中，分别调整图像的位置，如图 10-82 所示。

图 10-82

⑥ 选择"横排文字工具" **T**，设置前景色为蓝色（R:70，G:148，B:173），在底部白色区域输入店铺标志和相关信息，如图 10-83 所示。

图 10-83

10.4.2 商品展架

网店展架和实体店展架的展示意义是一样的，都是将商品更好的一面展现给顾客。不同的是，网店不能真实地感受商品，它需要通过图片信息来了解，因此网店的展架设计非常重要。下面就来讲解如何设计和制作展架。

实战：家纺类展架制作

素材位置	素材文件>CH10>5-网红四件套.jpg、6-圆点四件套.jpg、7-牵牛花款四件套.jpg、8-田园款四件套.jpg、9-网红款抱枕.jpg、10-民族风款抱枕.jpg、11-金典款抱枕.jpg、12-现代款抱枕.jpg
实例位置	实例文件>CH10>实战：家纺类展架制作.psd
视频名称	实战：家纺类展架制作.mp4
实用指数	★★★★★
技术掌握	掌握家纺类展架的制作方法

家纺类展架设计的最终效果如图 10-84 所示。

图 10-84

① 执行"文件>新建"命令，打开"新建文档"对话框，并将文件命名为"家纺类展架制作"，设置"宽度"为 1920 像素，"高度"为 3000 像素，"分辨率"为 72 像素/英寸，如图 10-85 所示，单击"创建"按钮。

② 设置前景色为粉红色（R:254，G:242，B:242），按快捷键 Alt+Delete 填充图层，如图 10-86 所示。

图 10-85   图 10-86

③ 选择"钢笔工具" ⌀，分别绘制路径，如图 10-87 所示。

④ 按快捷键 Ctrl+Enter，将路径转换为选区，设置前景色为浅蓝色（R:219，G:233，B:239），并按快捷键 Alt+Delete 填充选区，如图 10-88 所示，按快捷键 Ctrl+D 取消选区。

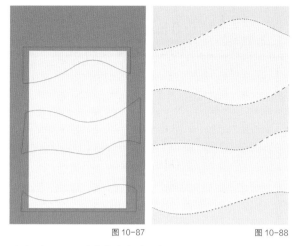

图 10-87　　　　　　　　　　　　　　　图 10-88

❺ 新建图层，并将其命名为"矩形1"，设置前景色为红色（R:255，G:103，B:144），选择"矩形选框工具" ⬚，绘制矩形选区，并按快捷键 Alt+Delete 填充选区，如图10-89所示，按快捷键 Ctrl+D 取消选区。

❻ 新建图层，并将其命名为"矩形2"，设置前景色为白色，选择"矩形选框工具" ⬚，在红色矩形中绘制选区，并按快捷键 Alt+Delete 填充选区，如图10-90所示，按快捷键 Ctrl+D 取消选区。

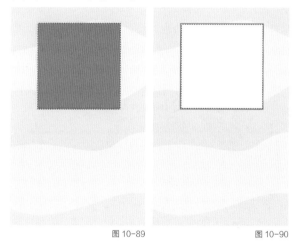

图 10-89　　　　　　　　　　　　　　　图 10-90

❼ 选择"矩形1"图层，按快捷键 Ctrl+J 复制图层，调整"矩形1拷贝"图层到"矩形1"的下一层，设置"不透明度"为50%，并单击该图层的"锁定透明像素"按钮 ⬚，如图10-91所示。

图 10-91

❽ 设置前景色为灰色（R:95，G:95，B:95），按快捷键 Alt+Delete 更改图形颜色，并按快捷键 Ctrl+T，打开"自由变换"调节框，单击选项栏中的"在自由变换和变形模式之间切换"按钮 ⬚，拖曳调节框底部的控制点，如图 10-92 所示，按 Enter 键确认。

❾ 选择"橡皮擦工具" ⬚，使用"柔角30"画笔在图形的底部两角边缘擦除图像，如图10-93所示。

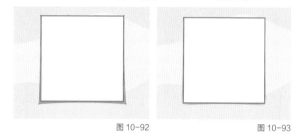

图 10-92　　　　　　　　　　　　　　　图 10-93

❿ 单击"矩形1拷贝"图层的"锁定透明像素"按钮 ⬚，取消锁定图层透明像素。执行"滤镜 > 模糊 > 高斯模糊"命令，打开"高斯模糊"对话框，设置"半径"为8像素，如图10-94所示，单击"确定"按钮 确定 。

⓫ 在"图层"面板中，合并除"背景"图层以外的所有图层，并将其重命名为"展板"，如图10-95所示。

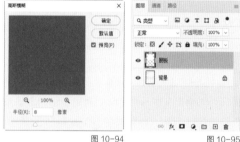

图 10-94　　　　　　　　　　　　　　　图 10-95

⓬ 新建图层，并将其命名为"白云"。设置前景色为白色，选择"画笔工具" ⬚，设置画笔样式为"尖角123"，"大小"为80像素，在展板上方绘制白云，如图 10-96 所示。

图 10-96

⓭ 选择"钢笔工具" ⬚，绘制路径，如图10-97所示。

⓮ 新建图层，并将其命名为"标题板"，按快捷键 Ctrl+Enter，将路径转换为选区，设置前景色为红色（R:255，G:103，B:144），并按快捷键 Alt+Delete 填充选区，如图10-98所示，按快捷键 Ctrl+D 取消选区。

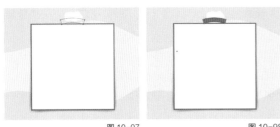

图 10-97　　　　　　　　　　　　图 10-98

⑮ 选择"横排文字工具" ，设置前景色为白色，输入标题文字，如图 10-99 所示。

图 10-99

⑯ 单击选项栏中的"创建文字变形"按钮 ，打开"变形文字"对话框，设置"样式"为"扇形"，"弯曲"为 +26%，如图 10-100 所示，单击"确定"按钮 。

图 10-100

⑰ 选择"横排文字工具" ，设置前景色为深紫色（R:108，G:2，B:68），输入标题文字，如图 10-101 所示。

图 10-101

⑱ 选择"钢笔工具" ，绘制心形路径，如图 10-102 所示。

图 10-102

⑲ 按快捷键 Ctrl+Alt+T，打开"自由变换"调节框，并按住 Alt 键，在图 10-103 所示的位置单击，确定旋转中心点。

图 10-103

⑳ 旋转复制路径，如图 10-104 所示，按 Enter 键确认。

图 10-104

㉑ 按快捷键 Ctrl+Alt+Shift+T，重复上一次的旋转复制操作，复制多个路径，如图 10-105 所示。

图 10-105

㉒ 新建图层，并将其命名为"花朵图案 1"，按快捷键 Ctrl+Enter，将路径转换为选区，设置前景色为红色（R:255，G:38，B:96），并按快捷键 Alt+Delete 填充选区，如图 10-106 所示，按快捷键 Ctrl+D 取消选区。

图 10-106

㉓ 按快捷键 Ctrl+J 复制图形，单击"花朵图案 1"图层的"指示图层可见性"按钮 ，隐藏图层，并按快捷键 Ctrl+T，调整图形的大小和位置，如图 10-107 所示，按 Enter 键确认。

图 10-107

㉔ 按快捷键 Ctrl+J 复制图形，并选择"移动工具" ，调整图形的位置，如图 10-108 所示。

图 10-108

㉕ 选择"钢笔工具" ，绘制花瓣路径，如图 10-109 所示。

图 10-109

㉖ 运用同样的方法，按快捷键 Ctrl+Alt+T，打开"自由变换"调节框，确定旋转中心点位置，并旋转复制路径，如图 10-110 所示，按 Enter 键确认。

图 10-110

㉗ 按快捷键 Ctrl+Alt+Shift+T，重复上一次的旋转复制操作，复制多个路径，如图 10-111 所示。

图 10-111

㉘ 新建图层，并将其命名为"花朵图案 2"，按快捷键 Ctrl+Enter，将路径转换为选区，设置前景色为红色（R:255，G:103，B:144），并按快捷键 Alt+Delete 填充选区，如图 10-112 所示，按快捷键 Ctrl+D 取消选区。

图 10-112

㉙ 选择"椭圆选框工具" ，按住 Shift 键绘制圆形选区，并按快捷键 Alt+Delete 填充选区，如图 10-113 所示，按快捷键 Ctrl+D 取消选区。

图 10-113

㉚ 选择"椭圆选框工具" ，按住 Shift 键绘制圆形选区，设置前景色为白色，并按快捷键 Alt+Delete 填充选区，如图 10-114 所示，按快捷键 Ctrl+D 取消选区。

图 10-114

㉛ 按快捷键 Ctrl+J，复制多个图形，单击"花朵图案 2"图层的"指示图层可见性"按钮 ，隐藏图层，并分别按快捷键 Ctrl+T，调整复制图形的位置，如图 10-115 所示，按 Enter 键确认。

图 10-115

㉜ 新建图层，并将其命名为"商品框"，设置前景色为粉色（R:254，G:223，B:220），选择"矩形选框工具" ，在展板中绘制矩形选区，并按快捷键 Alt+Delete 填充选区，如图 10-116 所示，按快捷键 Ctrl+D 取消选区。

㉝ 按快捷键 Ctrl+J，复制多个矩形商品框图形，并按住 Shift 键拖曳鼠标，平行和垂直移动图形，分别调整位置，如图 10-117 所示。

图 10-116

图 10-117

34 在展板中用"矩形选框工具" 分别绘制红色（R:255，G:103，B:144）装饰线条和矩形，如图 10-118 所示，按快捷键 Ctrl+D 取消选区。

35 选择"横排文字工具" T.，分别输入商品文案信息，如图 10-119 所示。

图 10-118　　　　　　　　　　　　图 10-119

36 在"图层"面板中，按住 Shift 键的同时选中装饰线条、矩形和文案信息图层，并按快捷键 Ctrl+J 分别复制 3 份，按住 Shift 键拖曳鼠标，平行或垂直移动文案信息，分别调整位置，如图 10-120 所示。

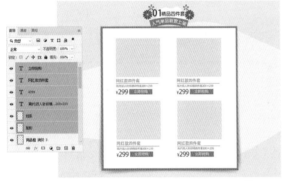

图 10-120

37 运用同样的方法，在"图层"面板中同时选中除"背景"图层以外的所有图层，按快捷键 Ctrl+J，复制商品展板图形，并选择"移动工具" ，按住 Shift 键垂直向下移动商品展板，调整位置后的效果如图 10-121 所示。

图 10-121

38 选择"横排文字工具" T.，更改商品展板的标题文字信息，如图 10-122 所示。

图 10-122

39 选择"花朵图案 1"图层，再次单击该图层的"指示图层可见性"按钮 ，显示图层。设置图层的"不透明度"为 50%，按快捷键 Ctrl+J 复制多个图形，并按快捷键 Ctrl+T，分别调整图形的大小和位置，如图 10-123 所示，按 Enter 键确认。

40 选择"花朵图案 2"图层，再次单击该图层的"指示图层可见性"按钮 ，显示图层。设置图层的"不透明度"为 50%，运用同样的方法，复制多个图形，并分别调整图形的大小和位置，如图 10-124 所示。

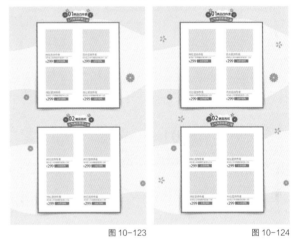

图 10-123　　　　　　　　　　　　图 10-124

41 新建图层，并将其命名为"心形"，使用"钢笔工具" 绘制心形路径，设置前景色为粉红色（R:254，G:161，B:180），按快捷键 Ctrl+Enter，将路径转换为选区，并按快捷键 Alt+Delete 填充选区，如图 10-125 所示，按快捷键 Ctrl+D 取消选区。

图 10-125

㊷ 按快捷键 Ctrl+T，打开"自由变换"调节框，调整图形的大小和位置，如图 10-126 所示，按 Enter 键确认。

㊸ 按快捷键 Ctrl+J，复制心形，并按快捷键 Ctrl+T，调整心形的大小和位置，如图 10-127 所示，按 Enter 键确认。

图 10-126　　　　　　图 10-127

㊹ 单击"心形 拷贝"图层的"锁定透明像素"按钮，锁定拷贝图层的透明像素，并设置图层的"不透明度"为 50%，如图 10-128 所示。

㊺ 设置前景色为浅蓝色（R:59，G:223，B:222），按快捷键 Alt+Delete 填充图形。用同样的方法，分别复制多个心形，并调整心形的大小、位置和旋转角度，如图 10-129 所示。

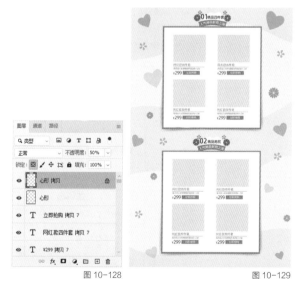

图 10-128　　　　　　图 10-129

㊻ 选择"白云"图层，按快捷键 Ctrl+J 复制多个图形，并分别调整图形的位置，如图 10-130 所示。

图 10-130

㊼ 打开"5-网红四件套.jpg"商品图片，如图 10-131 所示。

图 10-131

㊽ 按住 Ctrl 键，单击"商品框"图层的缩览图，载入图形外轮廓选区，如图 10-132 所示。

图 10-132

㊾ 执行"选择 > 修改 > 收缩"命令，打开"收缩选区"对话框，设置"收缩量"为 5 像素，如图 10-133 所示，单击"确定"按钮。

㊿ 单击"图层"面板下方的"添加图层蒙版"按钮，为商品图像添加选区蒙版，并单击"指示图层蒙版链接到图层"按钮，取消蒙版链接，选择"图层 1"图层的缩览图，如图 10-134 所示。

图 10-133 图 10-134

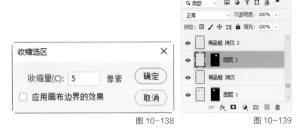

图 10-138 图 10-139

51 按快捷键 Ctrl+T，打开"自由变换"调节框，调整商品图像的大小和位置，如图 10-135 所示，按 Enter 键确认。

图 10-135

52 打开"6-圆点四件套.jpg"商品图片，如图 10-136 所示。

图 10-136

53 按住 Ctrl 键，单击"商品框 拷贝"图层的缩览图，载入图形外轮廓选区，如图 10-137 所示。

图 10-137

54 执行"选择 > 修改 > 收缩"命令，打开"收缩选区"对话框，设置"收缩量"为 5 像素，如图 10-138 所示，单击"确定"按钮。

55 单击"图层"面板下方的"添加图层蒙版"按钮，为商品添加选区蒙版，并单击"指示图层蒙版链接到图层"按钮，取消蒙版链接，选择"图层 2"图层的缩览图，如图 10-139 所示。

56 按快捷键 Ctrl+T，打开"自由变换"调节框，调整商品图像的大小和位置，如图 10-140 所示，按 Enter 键确认。

图 10-140

57 选择"横排文字工具"，更改商品的文案信息，如图 10-141 所示。

图 10-141

58 运用同样的方法，分别置入"7-牵牛花款四件套.jpg~12-现代款抱枕.jpg"商品图片，分别调整图像的大小和位置，并更改各商品的文案信息，如图 10-142 所示。

图 10-142

淘宝美工
全能一本通

第 11 章

淘宝店铺
首页设计

11.1 店铺首页制作规范

店铺首页是顾客进入店铺的第一展示位置，能否在第一时间抓住顾客的眼球，让顾客停留并浏览首页内容，是首页创意设计成功与否的关键。下面就来详细讲解首页的设计与制作方法。

11.1.1 首页包含的内容

搜索一家淘宝店铺，进入主页查看每个板块，观察哪些是重要且必不可少的板块，哪些是可以根据需要添加或删除的。必不可少的内容有店标、店招、收藏区、导航条、海报、客服区、主推商品板块和商品分类板块，根据店铺需要可添加或删除的板块有公告栏和活动主题板块等，如图 11-1 所示。

图 11-1

● 店标

店标位于店铺顶端的店招中，代表着店铺的形象，便于顾客记忆和查询店铺，如图 11-2 所示。

图 11-2

● 店招和收藏区

店招就是店铺的招牌，位于店铺的顶端，和实体店的招牌一样，起到宣传和推销店铺的作用。根据店铺的风格进行设计和排版，让顾客加深印象，记住店铺的名字，进而收藏店铺。收藏区往往会放在店招中，以便于顾客收藏，如图 11-3 所示。当然，有的店铺没有对店招进行过多的设计，只是简单地在店招中放置了店标和收藏区，这也是一种简约美，如图 11-4 所示。

图 11-3

图 11-4

- 导航条

导航条位于店招的下方，主要由店铺商品分类的按钮组成，其作用是便于顾客方便快捷地浏览店铺商品。通过对导航条进行分类设计，能够直观地指引顾客快速查阅到想要的商品和页面，如图 11-5 所示。

图 11-5

- 海报和活动主题

海报在店铺中是必不可少的，如果店铺有优惠活动，海报的设计往往和活动的主题连在一起，让顾客在进入店铺的第一时间了解主打商品信息、当季新品和热销活动等，如图 11-6 所示。

图 11-6

- 主推商品和商品分类

在首页设计中需要考虑主推商品及商品分类，要了解主推商品的区别、定位、推介顺序、核心卖点，以及是否需要突出价格和折扣等，如图 11-7 所示。

- 公告栏和客服区

公告栏一般是在店铺有活动的时候出现，如图 11-8 所示。客服区一般出现在店铺首页的中间位置，根据设计要求也可以放在店铺的其他任意位置，如图 11-9 和图 11-10 所示。

图 11-7

图 11-8

图 11-9

图 11-10

11.1.2 首页制作尺寸规范

不同店铺首页的制作尺寸是不一样的，下面着重讲解天猫店铺和淘宝店铺的首页制作尺寸规范。

- 天猫店铺首页制作尺寸

天猫店铺首页的宽度为 990 像素，高度不限，如图 11-11 所示。如果要制作固定的背景图，宽度则为 1920 像素，高度不限，如图 11-12 所示。

- 淘宝店铺首页制作尺寸

一般淘宝店铺首页的宽度为 950 像素，高度不限，如图 11-13 所示。如果要制作固定的背景图，宽度则为 1920 像素，高度不限，如图 11-14 所示。

图 11-11

图 11-12

图 11-13　　　　　　　　图 11-14

11.1.3　首页各板块的位置分布

设计店铺首页时，需要明确规划好版式结构，如海报、公告栏和客服区的摆放位置。

- 欢迎模板

欢迎模板区域通常放置店铺海报，位于导航条的下方，是顾客进入店铺后最先看到的板块，如图 11-15 所示。

图 11-15

- 热销区

热销区一般位于海报的下方，如果店铺有公告栏，热销区一般会位于公告栏的下方，如图 11-16 所示。

图 11-16

- 商品展示

店铺中商品的展示通常位于热销区的下方，如图 11-17 所示；也可以根据需要和个人喜好放在客服区或收藏区的下方，如图 11-18 和图 11-19 所示。

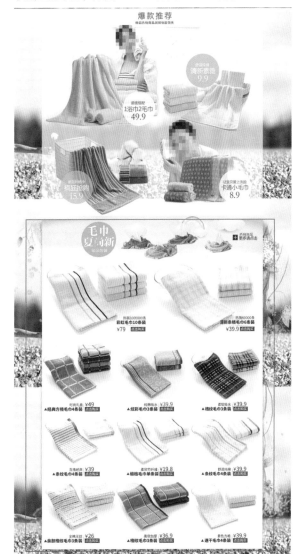

图 11-17

图 11-18

图 11-19

11.2 店铺首页常用布局

在摆放商品之前，要规划好店铺商品总共要分为几大类，页面从上至下的摆放顺序是什么样的，每个分类模块中放多少个商品，商品是否有主次之分，是用方格矩阵还是用更灵活的展示方式等都要考虑。

● 普通店铺首页布局

淘宝店铺分为普通店铺和旺铺两种类型，普通店铺的首页布局一般较为简洁，划分明确，版式较单一，设计感稍弱，如图 11-20 所示。

● 旺铺首页布局

旺铺在首页的布局上比较讲究，内容也比较丰富，在视觉感官上更加让人眼花缭乱，如图 11-21 所示。

图 11-20

图 11-21

使用 Photoshop 制作页面切图

在 Photoshop 中调整制作好的商品图片时，需要将其切割成尺寸相同、一块块的，然后上传到店铺中使用。下面就来讲解如何使用 Photoshop 进行高效率裁切。

11.3.1 标示裁切位置

制作好商品图片后，需要进行精确的裁切，使图片的比例、大小一致。在 Photoshop 中执行"视图 > 标尺"命令，在标尺上按住鼠标左键拖曳，生成参考线，将各个区域的图片划分出来，如图 11-22 所示。

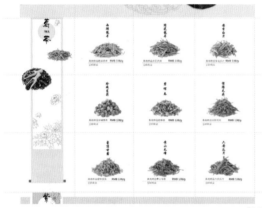

图 11-22

11.3.2 切图制作与存储

标示好精确位置后，就需要裁切和存储图片了。下面具体讲解如何切图和存储图片。

实战：商品切图与存储

素材位置　素材文件>CH11>1-服装展示图片.jpg
实例位置　实例文件>CH11>实战：商品切图与存储.psd
视频名称　实战：商品切图与存储.mp4
实用指数　★★★★★
技术掌握　掌握商品切图与存储的方法

❶ 按快捷键 Ctrl+O，打开"素材文件 \CH11\1-服装展示图片.jpg"文件，如图 11-23 所示。

❷ 执行"视图 > 标尺"命令或按快捷键 Ctrl+R，显示标尺，在标尺上按住鼠标左键拖曳，添加参考线，使用参考线分别将图片划分成一个个小图，如图 11-24 所示。

图 11-23

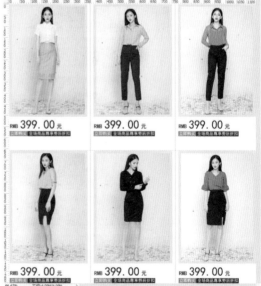

图 11-24

❸ 完成上述操作后，选择"切片工具" ，在选项栏中单击"基于参考线的切片"按钮 基于参考线的切片 ，可根据添加的参考线将图片自动进行切片处理，如图 11-25 所示。

图 11-25

④ 执行"文件 > 导出 > 存储为 Web 所用格式"命令，打开"存储为 Web 所用格式"对话框，相应的参数设置如图 11-26 所示。

图 11-26

⑤ 单击"存储"按钮 存储... ，打开"将优化结果存储为"对话框，设置"格式"为"HTML 和图像"，"切片"为"所有切片"，如图 11-27 所示，然后设置存储位置，单击"保存"按钮 保存(S) 。

图 11-27

⑥ 完成上述操作后，找到存储的 HTML 文件，然后单击鼠标右键，在弹出的快捷菜单中选择"记事本"选项，如图 11-28 所示。

图 11-28

⑦ 选择"记事本"选项后，在打开的记事本中复制 body 之间的内容，如图 11-29 所示。

图 11-29

⑧ 在淘宝店铺中，新建一个自定义内容区，选中"不显示"选项，并勾选"编辑源代码"复选框，然后按快捷键 Ctrl+V 粘贴代码，如图 11-30 所示。单击"确定"按钮 确定 ，发现图片是裂开的（没有图片），无法显示图片，此时回到"可视化编辑"窗口，双击裂开的图片，把图片空间里的地址——对应替换代码里面的图片地址，依次替换这 6 张图片，完成操作后即可预览效果。

图 11-30

| 疑难问答 |

问：为什么单击"预览"按钮 后，图片是裂开的？

答：因为该段代码所引用的是本地图片地址的链接。

将切图上传至网店

❶ 打开"卖家中心"页面，在"店铺管理"菜单中选择"图片空间"命令，如图 11-31 所示，将图片分别上传到图片空间。

❸ 在图片空间中复制需要上传的图片链接，然后填写链接网址，如图 11-34 所示，单击"确定"按钮 确定 ，上传成功。

图 11-31

❷ 在"店铺装修"页面中添加自定义内容区，在编辑器中单击"插入图片"按钮 ，如图 11-32 和图 11-33 所示。

图 11-32

图 11-33

图 11-34

> **提示**
>
> 在"图片地址"中复制图片空间中的链接，在"链接网址"中复制宝贝的详情页链接时，注意一定要勾选"在新窗口打开链接"复选框。

11.4 淘宝店铺首页设计展示

网店的首页模块是店铺新的商品、促销活动和客服等的展示区域，是顾客了解店铺和商品最直接的渠道。

实战： 化妆品类店铺首页设计

网店首页是通过对商品的展示、文字的说明来介绍商品，推销店铺，首页设计涉及品牌的形象、店铺的风格和整体的统一配色。本案例是制作化妆品类的首页页面，根据店铺商品的性质进行设计和排版，打造出店铺独特的风格和品牌形象，效果如图 11-35 所示。

结构展示与分析如图 11-36 所示。

店招与导航条： 在店招与导航条设计中，使用左右对称结构，融入了店标、收藏区、广告语和商品。

首页海报设计： 在首页海报设计中采用了大量的装饰图作为铺垫，融入模特和商品进行展示，使用图形和色彩突出主题文案，直观地将店铺最新信息传达给顾客。

商品热销区： 商品热销区使用统一的风格进行展示，主要运用图案和文案对商品进行展示和介绍。

展架展示区：该区域使用统一的图形进行分割，整齐地排列，能够清晰完整地表现出每种商品的特点。

店铺客服区：这里主要由店标和客服名称组合而成，排列比较整齐。

图 11-35

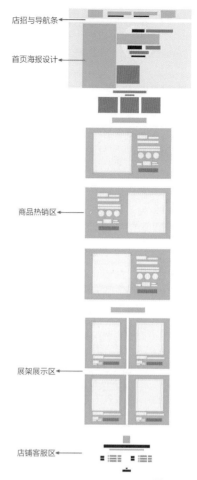

图 11-36

本案例在配色过程中使用了大量不同层次的蓝绿色作为主色调，运用黄色和橘红色作为点缀和装饰，给顾客一种春暖花开的视觉感受。文字部分的配色主要沿用图案色彩，图文相互搭配、相互衬托，使图案与文案之间能更好地融合在一起。

设计元素配色如图 11-37 所示。

图 11-37

素材位置	素材文件>CH11>1-首页背景.jpg、2-化妆品店标.tif、3-店招商品.tif、4-鲜花装饰.tif、5-海报模特.tif、6-海报商品展示.tif、7-热销区商品.tif、8-展架商品.tif、9-客服图标.tif
实例位置	实例文件>CH11>实战：化妆品类店铺首页设计.psd
视频名称	实战：化妆品类店铺首页设计.mp4
实用指数	★★★★☆
技术掌握	掌握店铺首页的制作方法

❶ 执行"文件 > 新建"命令，打开"新建文档"对话框，并将文件命名为"化妆品类店铺首页设计"，设置"宽度"为 1920 像素，"高度"为 7000 像素，"分辨率"为 72 像素 / 英寸，如图 11-38 所示，单击"创建"按钮。

图 11-38

❷ 设置前景色为浅蓝色（R:227，G:241，B:244），按快捷键 Alt+Delete 填充"背景"图层。执行"视图＞新建参考线"命令，打开"新建参考线"对话框，选择"水平"选项，分别添加两条参考线，设置第 1 条参考线的"位置"为 150 像素，第 2 条参考线的"位置"为 200 像素，如图 11-39 所示。

图 11-39

❸ 新建图层，并将其命名为"导航条"。选择"矩形选框工具" ⬚，在选项栏的"样式"下拉列表中选择"固定大小"选项，设置"宽度"为 1920 像素，"高度"为 50 像素。在参考线所圈区域的左上角位置单击，绘制固定的选区，设置前景色为蓝绿色（R:34，G:198，B:191），并按快捷键 Alt+Delete 填充选区，如图 11-40 所示，按快捷键 Ctrl+D 取消选区。

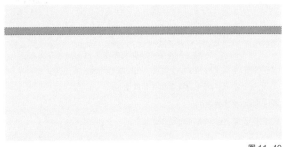

图 11-40

❹ 选择"横排文字工具" T.，在导航条中分别输入白色导航文字，如图 11-41 所示。

图 11-41

❺ 新建图层，并将其命名为"店招矩形"。选择"矩形选框工具" ⬚，在页面顶部绘制选区，设置前景色为浅蓝色（R:227，G:241，B:244），并按快捷键 Alt+Delete 填充选区，如图 11-42 所示，按快捷键 Ctrl+D 取消选区。

图 11-42

❻ 打开"素材文件 \CH11\1-首页背景.jpg"文件，如图 11-43 所示。

❼ 选择"移动工具" ⊕，拖曳首页背景图像到"化妆品类店铺首页设计"文档中，调整图像到页面顶部，如图 11-44 所示，并重命名图层为"店招背景"。

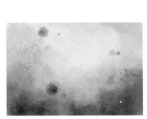

图 11-43   图 11-44

❽ 设置图层的"不透明度"为 50%，按住 Ctrl 键，单击"店招矩形"图层的缩览图，载入图形外轮廓选区。单击"图层"面板下方的"添加图层蒙版"按钮 ◻，为图片添加选区蒙版，单击"指示图层蒙版链接到图层"按钮 ⑧，取消蒙版链接，选择"店招背景"图层的缩览图，如图 11-45 所示。

图 11-45

⑨ 按快捷键 Ctrl+T，打开"自由变换"调节框，调整店招背景图像的大小和位置，如图 11-46 所示，按 Enter 键确认。

图 11-46

⑩ 新建图层，并将其命名为"海报矩形"。设置前景色为绿色（R:123，G:192，B:174），选择"矩形选框工具" ⬚，沿着第 2 条参考线绘制选区，并按快捷键 Alt+Delete 填充选区，如图 11-47 所示，按快捷键 Ctrl+D 取消选区。

图 11-47

⑪ 运用同样的方法，拖曳"1-首页背景.jpg"素材图片到页面中，并将其命名为"海报背景"。按住 Ctrl 键，单击"海报矩形"图层的缩览图，载入图形外轮廓选区。单击"图层"面板下方的"添加图层蒙版"按钮 ◻，为图片添加选区蒙版，单击"指示图层蒙版链接到图层"按钮 ⑧，取消蒙版链接，选择"海报背景"图层的缩览图，按快捷键 Ctrl+T，调整图像的大小和位置，如图 11-48 所示。

图 11-48

⑫ 拖曳"1-首页背景.jpg"素材图片到页面中，并将其重命名为"展区背景"，设置图层的"不透明度"为 80%，按快捷键 Ctrl+T，在调节框内单击鼠标右键，在弹出的快捷菜单中选择"顺时针旋转 90 度"，并调整图像的大小和位置，如图 11-49 所示，按 Enter 键确认。

图 11-49

⑬ 按快捷键 Ctrl+J 复制展区背景，选择"移动工具" ⊕，按住 Shift 键垂直拖曳鼠标，调整图像的位置，如图 11-50 所示。

⑭ 选择"橡皮擦工具" ⬦，使用"柔边圆"画笔分别在"展区背景"的图像与复制的图像的上下边缘处擦除图像，使拼接的图像能更好地融合，如图 11-51 所示。

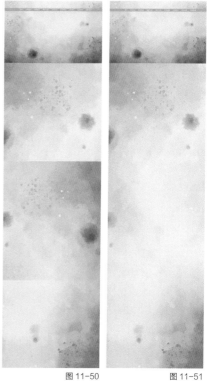

图 11-50 　　　　图 11-51

⑮ 新建图层，并将其命名为"加色"，设置图层混合模式为"颜色"，按住 Ctrl 键，单击"店招矩形"图层的缩览图，载入图形外轮廓选区。设置前景色为橘红色（R:244，G:188，B:147），选择"画笔工具" ✏，使用"柔边圆"画笔，在选区中绘制颜色，如图 11-52 所示，按快捷键 Ctrl+D 取消选区。

图 11-52

⑯ 打开"2-化妆品店标.tif"文件，如图 11-53 所示。

图 11-53

⑰ 选择"移动工具" ⊕，拖曳"化妆品店标 A"图像到"化妆品类店铺首页设计"文档中，按快捷键 Ctrl+T，调整店标图像的大小和位置，如图 11-54 所示，按 Enter 键确认。

图 11-54

⑱ 选择"椭圆工具" ○，在选项栏中设置"填充"颜色为黄色（R:254，G:243，B:167），并在店招位置按住 Shift 键绘制圆形，将其重命名为"收藏区圆形"，如图 11-55 所示。

图 11-55

⑲ 选择"钢笔工具" ✐，在选项栏中设置"选择工具模式"为"形状"，在店招位置分别绘制颜色为蓝绿色（R:34，G:198，B:191）和深蓝色（R:15，G:34，B:62）的图形，如图 11-56 所示。

⑳ 选择"钢笔工具" ✐，在选项栏中设置"填充"颜色为橘红色（R:222，G:152，B:96），绘制心形，如图 11-57 所示，并将其重命名为"收藏区心形"，然后分别在图形中输入文字。

图 11-56   图 11-57

㉑ 选择"矩形工具" ▭，在选项栏中设置"选择工具模式"为"形状"，"填充"颜色为蓝绿色（R:34，G:198，B:191），绘制矩形线条，然后在店招位置输入店招文字信息，如图 11-58 所示。

图 11-58

㉒ 打开"3-店招商品.tif"文件，如图 11-59 所示。

图 11-59

㉓ 选择"移动工具" ⊕，拖曳图像到"化妆品类店铺首页设计"文档中，按快捷键 Ctrl+T，调整商品图像的大小和位置，如图 11-60 所示，按 Enter 键确认。

图 11-60

㉔ 选择"矩形工具" ▭，设置"填充"颜色为蓝绿色（R:34，G:198，B:191），绘制矩形，如图 11-61 所示。

图 11-61

㉕ 在商品图像的右侧输入商品文字信息，如图11-62所示。

图 11-62

㉖ 新建图层，并将其命名为"海报加色"，设置图层混合模式为"颜色"，按住 Ctrl 键，单击"海报矩形"图层的缩览图，载入图形外轮廓选区。设置前景色为橘红色（R:255，G:175，B:125），选择"画笔工具" ✓ ，使用"柔边圆"画笔在选区中绘制颜色，效果如图 11-63所示，按快捷键 Ctrl+D 取消选区。

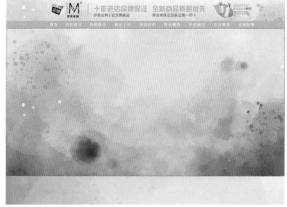

图 11-63

㉗ 打开"4-鲜花装饰.tif"文件，如图 11-64 所示。

图 11-64

㉘ 选择"移动工具" ⊕ ，拖曳"鲜花装饰1"图像到"化妆品类店铺首页设计"文档中，按快捷键 Ctrl+T，调整图像的大小和位置，如图 11-65 所示，按 Enter 键确认。

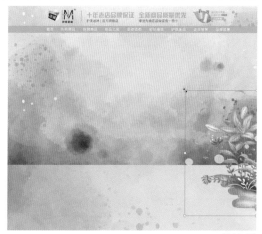

图 11-65

㉙ 按住 Ctrl 键，单击"海报矩形"图层的缩览图，载入图形外轮廓选区，如图 11-66 所示。

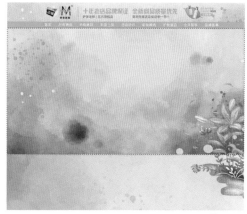

图 11-66

㉚ 单击"图层"面板下方的"添加图层蒙版"按钮 ▢ ，为图像添加选区蒙版，并设置图层混合模式为"明度"，效果如图 11-67 所示。

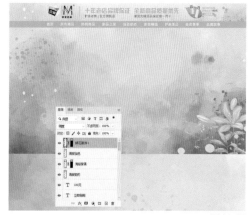

图 11-67

㉛ 按快捷键 Ctrl+J 复制图层，单击"指示图层蒙版链接到图层"按钮 ⁸ ，取消蒙版链接，选择"鲜花装饰1拷贝"图层的缩览图，并选择"移动工具" ⊕ ，调整图像的位置，如图 11-68 所示。

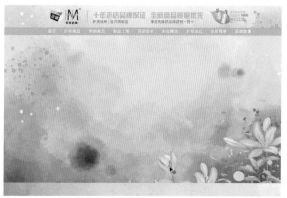

图 11-68

32 运用同样的方法，拖曳"鲜花装饰2"图像到"化妆品类店铺首页设计"文档中，添加图片选区蒙版，设置图层混合模式为"明度"，并按快捷键Ctrl+T，调整图像的大小、位置和旋转角度，如图11-69所示，按Enter键确认。

图11-69

33 拖曳"鲜花装饰3"图像到"化妆品类店铺首页设计"文档中，运用同样的方法，添加图片选区蒙版，并按快捷键Ctrl+T，调整图像的大小和位置，如图11-70所示，按Enter键确认。

图11-70

34 拖曳"鲜花装饰4"图像到"化妆品类店铺首页设计"文档中，运用同样的方法，添加图像选区蒙版，设置"不透明度"为80%，并按快捷键Ctrl+T，调整图像的大小、位置和旋转角度，如图11-71所示，按Enter键确认。

图11-71

35 打开"5-海报模特.tif"文件，如图11-72所示。

图11-72

36 选择"移动工具" ⊹，拖曳图像到"化妆品类店铺首页设计"文档中，按快捷键Ctrl+T，调整图像的大小和位置，如图11-73所示，按Enter键确认。

图11-73

37 选择"4-鲜花装饰.tif"素材图片，拖曳"蝴蝶3"图像到"化妆品类店铺首页设计"文档中，并按快捷键Ctrl+T，打开"自由变换"调节框，调整图像的大小和位置，如图11-74所示，按Enter键确认。

图11-74

38 运用同样的方法，拖曳"蝴蝶1"图像和"蝴蝶2"图像到"化妆品类店铺首页设计"文档中，并分别调整图像的大小和位置，如图11-75所示。

图 11-75

㊴ 新建图层，并将其命名为"环境色"。按住 Ctrl 键，
单击"海报矩形"图层缩览图，载入图形外轮廓选区，
设置前景色为橘红色（R:255，G:176，B:127），选择"画
笔工具" ，使用"柔边圆"画笔在模特边缘和右侧绘
制颜色，如图 11-76 所示，按快捷键 Ctrl+D 取消选区。

图 11-76

㊵ 设置图层混合模式为"叠加"，设置"不透明度"为
50%，效果如图 11-77 所示，按快捷键 Ctrl+D 取消选区。

图 11-77

㊶ 选择"4- 鲜花装饰 .tif"素材图片，使用"移动工具" 分
别将鲜花和蝴蝶图像拖曳到"化妆品类店铺首页设计"
文档中，并调整图像的大小和位置，如图 11-78 所示。

图 11-78

㊷ 选择"画笔工具" ，单击选项栏中的"切换画笔设
置面板"按钮 ，打开"画笔设置"面板，设置画笔样
式为柔角 30，"大小"为 30 像素，"间距"为 1000%，
如图 11-79 所示。

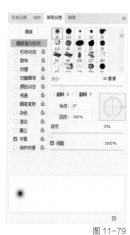

图 11-79

43 勾选"形状动态"复选框,设置"大小抖动"为80%,其他参数设置如图11-80所示。

44 勾选"散布"复选框,设置"散布"为1000%,其他参数设置如图11-81所示。

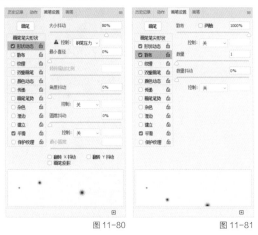

图11-80　　　　　　　　图11-81

45 新建图层,并将其命名为"装饰圆点",设置前景色为黄色(R:247,G:244,B:170),在页面中拖曳鼠标绘制装饰圆点图形,如图11-82所示。

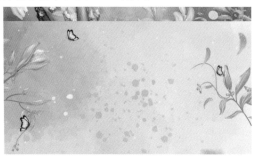

图11-82

46 选择"椭圆工具" ○,在选项栏中设置"填充"颜色为黄色(R:254,G:243,B:167),在海报中按住Shift键绘制圆形,如图11-83所示,并将其重命名为"海报装饰圆形"。

图11-83

47 按快捷键Ctrl+J复制圆形,在选项栏中设置"填充"颜色为无颜色 ☑,设置"描边"颜色为深蓝色(R:15,G:34,B:62),设置"形状描边宽度"为5.53点,单击"设置

形状描边类型"下拉按钮 —,选择下拉列表中的"虚线描边"选项,调整虚线位置,并将该图层重命名为"海报装饰虚线"。在圆形上输入主题文字信息,如图11-84所示。

图11-84

48 双击文字图层,打开"图层样式"对话框,在对话框中勾选"描边"复选框,设置"颜色"为浅绿色(R:190,G:243,B:225),"大小"为5像素,"位置"为"外部",如图11-85所示。

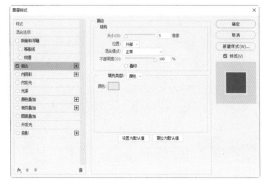

图11-85

49 勾选"渐变叠加"复选框,单击"渐变"按钮
——,打开"渐变编辑器"对话框,设置"位置0"的颜色为深绿色(R:14,G:111,B:96),"位置100"的颜色为蓝绿色(R:34,G:198,B:191),单击"确定"按钮 确定,如图11-86所示。

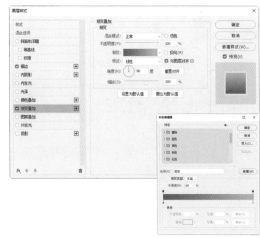

图11-86

50 新建图层，并将其命名为“海报装饰矩形”。设置前景色为绿色（R:21，G:137，B:125），选择“矩形选框工具”，绘制选区，并按快捷键 Alt+Delete 填充选区，按快捷键 Ctrl+D 取消选区，然后输入其他文字，如图 11-87 所示。

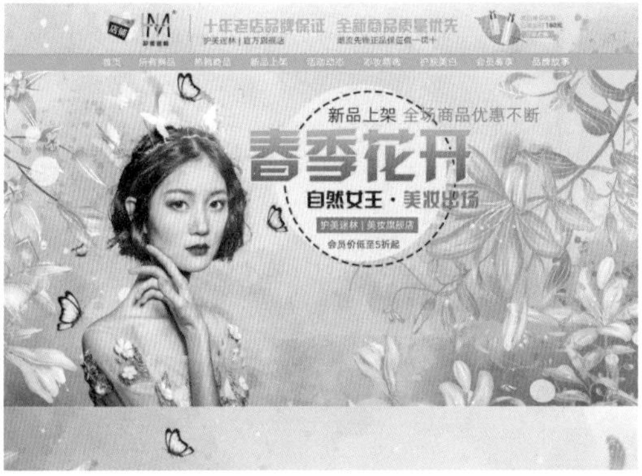

图 11-87

51 打开“6-海报商品展示.tif”文件，如图 11-88 所示。

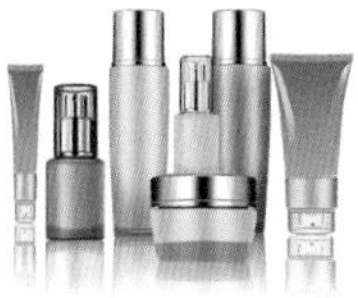
图 11-88

52 选择“移动工具”，拖曳商品图像到“化妆品类店铺首页设计”文档中，并调整图像的位置，如图 11-89 所示。

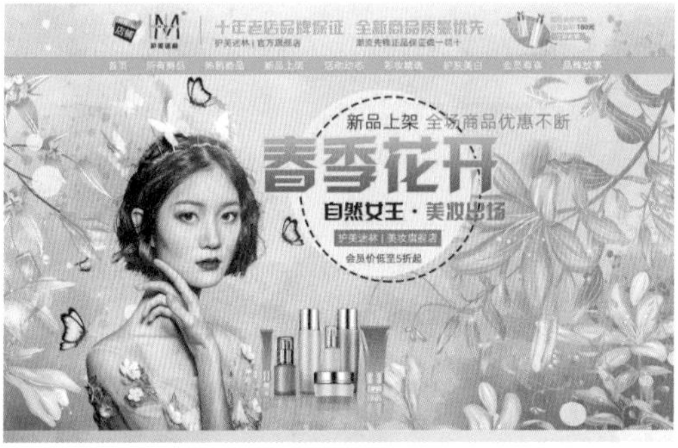

图 11-89

53 选择“横排文字工具”，设置前景色为绿色（R:21，G:137，B:125），输入文字信息，如图 11-90 所示。

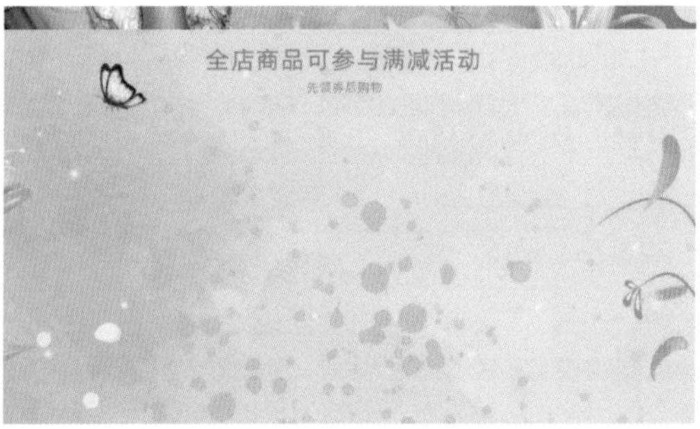

图 11-90

54 在蝴蝶图层的下一层新建图层，使用“矩形选框工具”绘制不同颜色的矩形，颜色分别为白色、深蓝色（R:15，G:34，B:62）、橘黄色（R:237，G:197，B:124）。选择“钢笔工具”，在选项栏中设置“选择工具模式”为“形状”，“填充”颜色为绿色（R:21，G:137，B:125），绘制信封下部分的形状，如图 11-91 所示。

55 复制“收藏区心形”图层，在选项栏中更改“填充”颜色为蓝绿色（R:35，G:199，B:191），并按快捷键 Ctrl+T，调整心形的大小和位置，如图 11-92 所示，按 Enter 键确认。

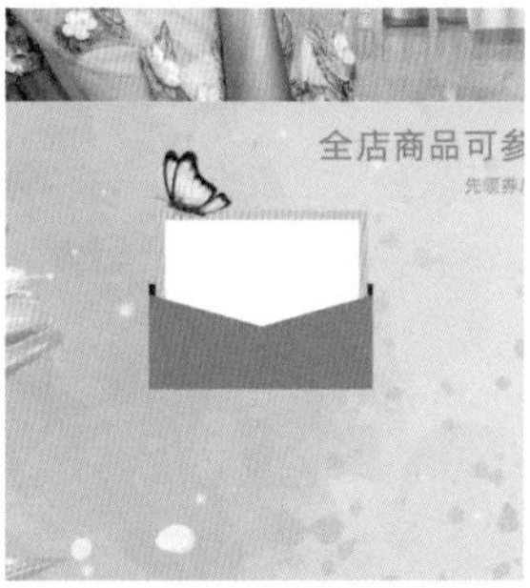

图 11-91

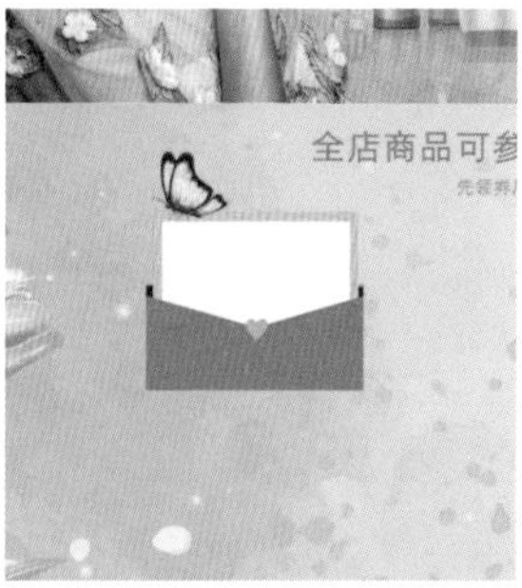

图 11-92

56 合并绘制的矩形、信封下部分的图形和心形，并重命名图层为“优惠券”，如图 11-93 所示。

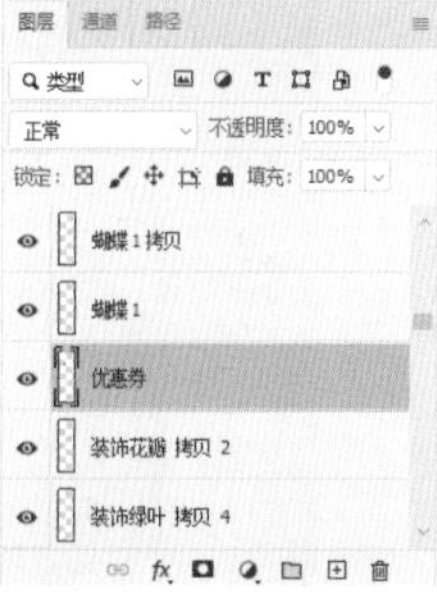

图 11-93

57 选择“横排文字工具”，在信封上输入优惠券文字信息，如图 11-94 所示。

58 复制优惠券和文字信息，选择“移动工具”，按住 Shift 键水平移动并调整它们的位置，然后分别更改优惠券的金额，如图 11-95 所示。

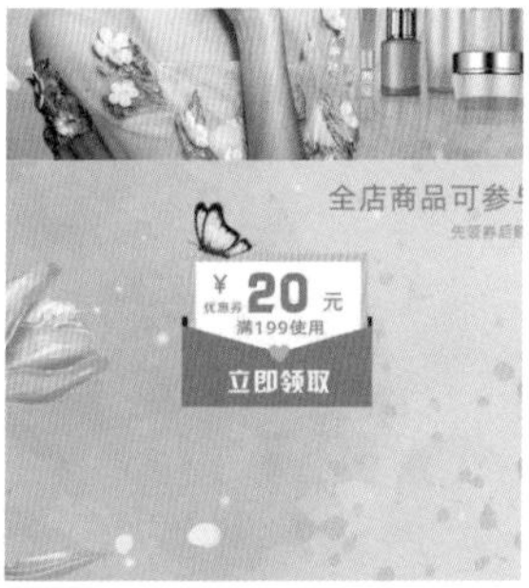

图 11-94

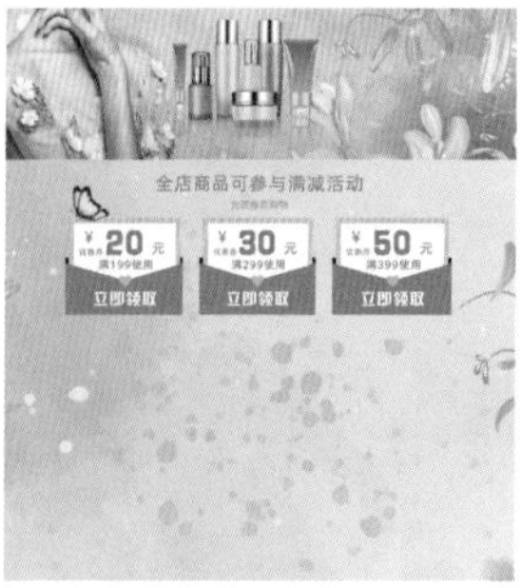

图 11-95

⑤⑨ 选择"钢笔工具" ⬛，在选项栏中设置"填充"颜色为绿色（R:21，G:137，B:125），绘制外框形状，如图11-96所示，并更改图层的名称为"展板外框"。

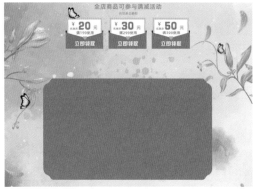

图 11-96

⑥⓪ 按快捷键 Ctrl+J 复制图形，在选项栏中更改"填充"颜色为蓝绿色（R:34，G:198，B:191），设置"描边"颜色为黄色（R:241，G:243，B:173），"形状描边宽度"为 5 像素。选择"直接选择工具" ⬛，分别框选路径上的锚点。按住 Shift 键向内收缩外框形状，如图 11-97 所示，并重命名图层为"展板"。

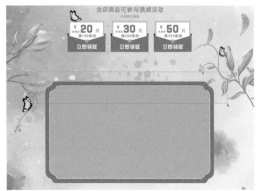

图 11-97

⑥① 复制"收藏区心形"图层，在选项栏中更改"填充"颜色为绿色（R:21，G:137，B:125），并按快捷键 Ctrl+T，调整心形的大小、位置和旋转角度，如图 11-98 所示，按 Enter 键确认，将图层重命名为"展板心形"。

⑥② 按快捷键 Ctrl+J 复制"展板心形"图层，在选项栏中更改"填充"颜色为蓝绿色（R:34，G:198，B:191），并按快捷键 Ctrl+T，调整心形的大小和位置，如图 11-99 所示，按 Enter 键确认。

图 11-98   图 11-99

⑥③ 同时选中两个心形，按快捷键 Ctrl+J 复制图形，并按快捷键 Ctrl+T，分别通过"水平翻转"和"垂直翻转"命令调整图形的角度，按住 Shift 键水平和垂直调整心形的位置，如图 11-100 所示。

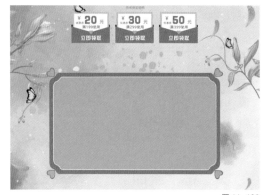

图 11-100

⑥④ 选择"圆角矩形工具" ⬛，在选项栏中设置"选择工具模式"为"形状"，"填充"颜色为绿色（R:21，G:137，B:125），"半径"为 40 像素，绘制圆角矩形，如图 11-101 所示，并重命名图层为"标题板"。

⑥⑤ 按快捷键 Ctrl+J 复制"标题板"图层，在选项栏中更改"填充"颜色为蓝绿色（R:34，G:198，B:191），并按快捷键 Ctrl+T，打开"自由变换"调节框，按住 Shift+Alt 键拖曳调节框控制点，收缩圆角矩形，如图 11-102 所示，按 Enter 键确认。

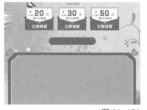

图 11-101   图 11-102

⑥⑥ 复制"收藏区心形"图层，在选项栏中更改"填充"颜色为绿色（R:21，G:137，B:125），并按快捷键 Ctrl+T，调整心形的大小、位置和旋转角度，如图 11-103 所示，按 Enter 键确认，将图层重命名为"标题板心形"。

⑥⑦ 按两次快捷键 Ctrl+J 复制"标题板心形"图层，并按快捷键 Ctrl+T，分别调整心形的大小、位置和旋转角度，如图 11-104 所示，按 Enter 键确认。

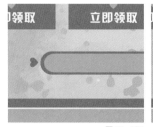
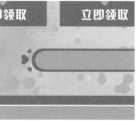

图 11-103   图 11-104

⑱ 同时选中3个标题板心形，按快捷键Ctrl+J复制图形，并按快捷键Ctrl+T，打开"自由变换"调节框，在调节框中单击鼠标右键，在弹出的快捷菜单中选择"水平翻转"命令，按住Shift键调整心形的位置，如图11-105所示，按Enter键确认。

图11-105

⑲ 选择"横排文字工具" T.，设置前景色为白色，在标题板中输入标题文字，如图11-106所示。

图11-106

⑳ 同时复制展板外框、展板和两个展板心形，选择"移动工具" ⊹.，按住Shift键分别垂直调整展板图形，如图11-107所示。

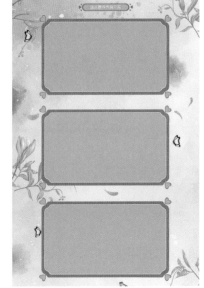

图11-107

㉑ 选择"圆角矩形工具" ◻.，设置"填充"颜色为黄色（R:241，G:243，B:173），"半径"为20像素，在展板中绘制圆角矩形，如图11-108所示，并重命名图层为"图框"。

图11-108

㉒ 按快捷键Ctrl+J复制图形，并分别调整图形的位置，如图11-109所示。

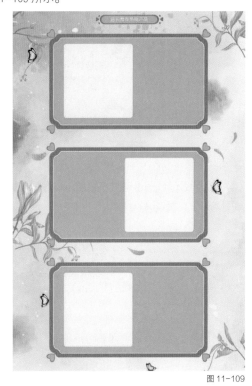

图11-109

㉓ 打开"7-热销区商品.tif"文件，如图11-110所示。

图11-110

㉔ 选择"移动工具" ⊹.，拖曳"热销区商品1"图像到"化妆品类店铺首页设计"文档中，并调整图像的位置，如图11-111所示。

图11-111

㉕ 按住Ctrl键，单击"图框"图层的缩览图，载入图形外轮廓选区，如图11-112所示。

图 11-112

76 执行"选择 > 修改 > 收缩"命令，打开"收缩选区"对话框，设置"收缩量"为 5 像素，如图 11-113 所示，单击"确定"按钮。

图 11-113

77 单击"图层"面板下方的"添加图层蒙版"按钮，为图片添加选区蒙版，并单击"指示图层蒙版链接到图层"按钮，取消蒙版链接，选择"热销区商品 1"图层的缩览图，如图 11-114 所示。

图 11-114

78 按快捷键 Ctrl+T，打开"自由变换"调节框，调整商品图像的大小和位置，如图 11-115 所示，按 Enter 键确认。

图 11-115

79 选择"移动工具"，运用同样的方法，拖曳热销区商品图像到"化妆品类店铺首页设计"文档中，为商品图像添加图层蒙版，并按快捷键 Ctrl+T，调整商品图像的大小和位置，如图 11-116 所示。

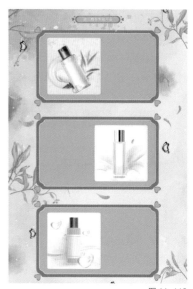

图 11-116

80 选择"矩形工具"，在选项栏中设置"选择工具模式"为"形状"，"填充"颜色为黄色（R:241，G:243，B:173），绘制矩形线条，如图 11-117 所示，并重命名图层为"热销区装饰线条"。

图 11-117

81 选择"椭圆工具"，在选项栏中设置"填充"颜色为黄色（R:241，G:243，B:173），"描边"颜色为绿色（R:21，G:137，B:125），"形状描边宽度"为 2 像素，在展板中按住 Shift 键绘制圆形，如图 11-118 所示，并重命名图层为"热销区圆形"。

图 11-118

82 选择"圆角矩形工具"，设置"填充"颜色为绿色（R:21，G:137，B:125），"描边"颜色为黄色（R:241，G:243，B:173），"形状描边宽度"为 2 像素，"半径"为 20 像素，绘制圆角矩形，如图 11-119 所示，并将图层重命名为"热销区圆角矩形"。

图 11-119

33 选择"横排文字工具" T.，在展板中输入商品文字信息，如图 11-120 所示。

图 11-120

34 复制热销区装饰线条、圆形、圆角矩形和商品文字信息，选择"移动工具" +.，分别调整它们的位置，并选择"横排文字工具" T.，在展板中分别更改商品文字信息，如图 11-121 所示。

图 11-121

35 复制标题板、3 个标题板心形和标题文字，选择"移动工具" +.，按住 Shift 键垂直调整复制内容的位置，如图 11-122 所示，并选择"横排文字工具" T.，更改标题文字信息。

图 11-122

86 复制展板外框、展板和两个展板心形，并调整它们的大小和位置，如图 11-123 所示。

87 选择"圆角矩形工具" ◻.，设置"填充"颜色为黄色（R:241，G:243，B:173），"半径"为 20 像素，在展板中绘制圆角矩形，并将图层重命名为"展架图框"。按快捷键 Ctrl+J 复制图形，分别调整图形的位置，如图 11-124 所示。

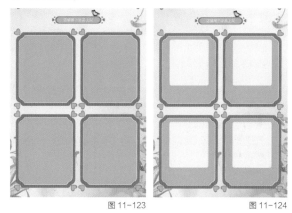

图 11-123   图 11-124

88 打开"8-展架商品.tif"文件，如图 11-125 所示。

图 11-125

89 选择"移动工具" +.，拖曳"展架商品 1"图像到"化妆品类店铺首页设计"文档中，并按住 Ctrl 键，单击"展架图框"图层的缩览图，载入图形外轮廓选区，如图 11-126 所示。

90 执行"选择 > 修改 > 收缩"命令，打开"收缩选区"对话框，设置"收缩量"为 5 像素，如图 11-127 所示，单击"确定"按钮 确定。

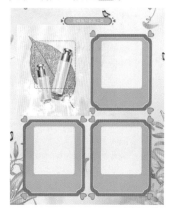

图 11-126   图 11-127

⑨1 单击"图层"面板下方的"添加图层蒙版"按钮 ▫，为图像添加选区蒙版，并单击"指示图层蒙版链接到图层"按钮 ⑧，取消蒙版链接，选择"展架商品1"图层的缩览图，如图 11-128 所示。

⑨2 按快捷键 Ctrl+T，打开"自由变换"调节框，调整商品图像的大小和位置，如图 11-129 所示，按 Enter 键确认。

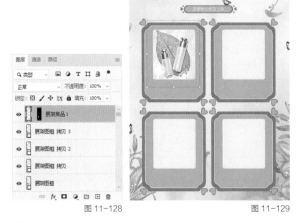

图 11-128　　　　　　　　　　图 11-129

⑨3 选择"移动工具" ⊕，运用同样的方法，拖曳商品图像到"化妆品类店铺首页设计"文档中，为商品图像添加图层蒙版，并按快捷键 Ctrl+T，调整商品图像的大小和位置，如图 11-130 所示。

图 11-130

⑨4 复制热销区装饰线条、热销区圆角矩形和商品文案，选择"移动工具" ⊕，按快捷键 Ctrl+T，调整圆角矩形的大小和位置，并选择"横排文字工具" T.，更改商品文字信息，如图 11-131 所示。

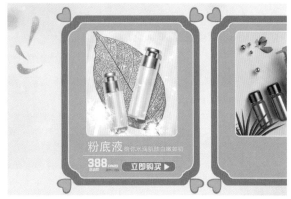

图 11-131

⑨5 运用同样的方法，复制装饰线条、圆角矩形和商品文案，选择"移动工具" ⊕，分别调整其位置，并选择"横排文字工具" T.，更改商品文字信息，如图 11-132 所示。

图 11-132

⑨6 选择"2-化妆品店标.tif"素材图片，拖曳"化妆品店标 A"图像到"化妆品类店铺首页设计"文档中，并按快捷键 Ctrl+T，打开"自由变换"调节框，调整店标的大小和位置，如图 11-133 所示，按 Enter 键确认。

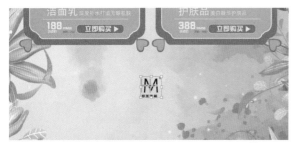

图 11-133

图 11-137

97 选择"横排文字工具" T.，在窗口中输入客服区文字信息，如图 11-134 所示。

图 11-134

98 选择"钢笔工具" Ø.，在选项栏中设置"选择工具模式"为"形状"，"描边"颜色为深蓝色（R:15，G:34，B:62），"形状描边宽度"为 3 点，单击"设置形状描边类型"下拉按钮 ——，选择下拉列表中的"虚线描边"选项，按住 Shift 键绘制水平虚线路径，如图 11-135 所示，将图层重命名为"客服区虚线"。

图 11-135

99 选择"矩形选框工具" □，在客服区虚线之间的位置绘制选区，如图 11-136 所示。

图 11-136

100 设置前景色为白色，选择"渐变工具" ■.，单击选项栏中的"点按可编辑渐变"按钮 ▮▮▮▮▮ ⌄，打开"渐变编辑器"对话框，在"基础"中选择"前景色到透明渐变"样式，如图 11-137 所示，单击"确定"按钮 确定。

101 新建图层，并将其命名为"客服区渐变背景"，设置"不透明度"为 50%，单击选项栏中的"径向渐变"按钮 ▯，在选区中从中心往右拖曳，渐变选区颜色如图 11-138 所示，按快捷键 Ctrl+D 取消选区。

图 11-138

102 选择"横排文字工具" T.，在背景中输入客服名称、返回首页和符号文字信息，如图 11-139 所示。

图 11-139

103 打开"9-客服图标.tif"文件，如图 11-140 所示。

图 11-140

104 选择"移动工具" ⊕.，拖曳图标图像到"化妆品类店铺首页设计"文档中，并按快捷键 Ctrl+T，调整图标的大小和位置，如图 11-141 所示，按 Enter 键确认。

图 11-141

105 完成以上所有操作后，对化妆品类店铺首页进行整体调整，最终效果如图 11-142 所示。

图 11-142

淘宝美工
全能一本通

第 12 章

商品
详情页设计

商品详情页就是对网店中销售的单个商品的细节进行解释，是买家了解商品信息的重要页面。此页面要展示商品的各种细节、优势和优惠活动等信息，让顾客了解产品本身，感受到产品的功效，以增加店铺的人气，从而带动消费增长。

一个优秀的商品详情页，能将产品的卖点最大化展示，最为直接的表现是延长客户在商品页面的停留时间，从而提高顾客的购买欲。由于网上购物看不到实际商品，卖家只能通过图片细节来感受，因此制作详尽而又有吸引力的详情页就显得至关重要了。

商品的橱窗照位于商品详情页的顶端，宽度为310像素，高度为310像素，如果宽度和高度大于800像素，那么顾客在单击时，就会使用放大镜功能进行查看。橱窗照最基本的设计要求是将商品清晰、完整地展示出来，如图12-1所示。

图12-1

商品详情页是对商品的使用方法、材质、细节和公司简介等内容进行展示。在商品详情页中，商品描述图的宽度为750像素，高度不限，如图12-2所示。

图12-2

在商品详情页中的每个类目下，商品、商品细节和商品的参数这3个部分的内容是最基本且不可缺少的，其次是优惠活动、公司简介和大牌同款等信息，如图12-3所示。

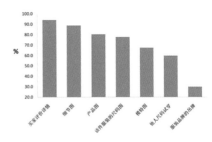

图12-3

以服装为例，如图12-4所示，商品详情页主要从以下几个方面作展示。

（1）商品细节图，用于突出商品的做工、材质，以及其他有特色的地方。

（2）对比细节图，如弹力拉伸试验对比图，目的在于通过对比试验突出商品的优势。

（3）实物图，是拍摄的实物效果图，最好是没有经过大幅度后期处理的图片，这样能展现商品最真实的一面。

（4）模特图，是厂家提供的模特图或自己拍摄的图片，要选择较为清晰的图片。

图12-4

（5）促销活动，这里仅限放置同类目促销广告，不宜太多，4~5 款商品的促销广告为宜。

（6）商品的邮资说明，以及购买注意事项。

（7）商品好评截图等。

商品的详情页由以下模块组成，如图 12-5 所示。

（1）页面头部：Logo 和店招（美工优化）等。

（2）页面尾部：与头部展示风格（美工优化）呼应。

（3）侧面：包括客服中心、店铺公告（工作时间和发货时间）、商品分类和自定义模块（如销量排行榜等），展示清晰即可。

（4）详情页核心页面：单件商品的具体详情展示。

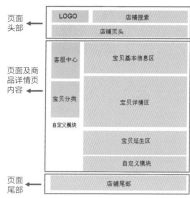

图 12-5

12.2 商品详情页设计展示

详情页主要以展示商品的细节为主，以局部放大的方式来剖析商品的细节特点，或者通过图形和文案相结合的方式来凸显商品的细节功能，为顾客展现既美观又细致的商品信息。

实战：儿童保温杯详情页设计

详情页设计效果如图 12-6 所示。

细节展示类结构展示如图 12-7 所示。

商品海报展示： 整个海报以展示商品为主，突出主题，使用少许的文字进行装饰设计。

商品基础说明： 该区域通过文字和图片的组合进行说明，清楚明了地介绍了产品的大小、尺寸和质量等。

商品颜色展示： 该区域将商品各颜色的图片进行美化设计展示，通过图形和文字搭配让商品更加出彩。

商品功能展示： 该区域主要使用进度条设计，更直观地展示商品的功能。

商品特点展示： 该区域主要将商品最有特色的局部展现出来。

商品细节展示： 该区域将商品的细节以局部放大的形式突出表现出来，并通过画龙点睛的文字进行说明，详细地剖析商品的优势。

本案例主要根据商品的颜色进行搭配，在制作过程中使用蓝色作为主色调，利用商品的其他颜色作为点缀配色，让商品与整个页面的色调更加协调。

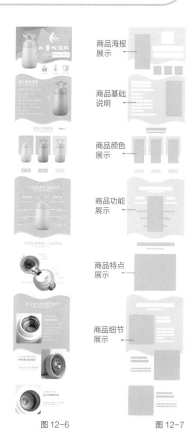

图 12-6   图 12-7

设计元素配色，如图 12-8 所示。

图 12-8

素材位置 素材文件>CH12>9-保温杯海报背景.jpg、10-儿童保温杯.tif、11-保温杯标志.tif、12-图标.tif、13-瓶盖细节展示.jpg、14-保温杯细节展示.tif
实例位置 实例文件>CH12>实战：儿童保温杯详情页设计.psd
视频名称 实战：儿童保温杯详情页设计.mp4
实用指数 ★★★★☆
技术掌握 掌握儿童保温杯详情页的制作方法

❶ 执行"文件>新建"命令，打开"新建文档"对话框，并将文件命名为"儿童保温杯详情页设计"，设置"宽度"为 750 像素，"高度"为 5000 像素，"分辨率"为 72 像素 / 英寸，如图 12-9 所示，单击"创建"按钮。

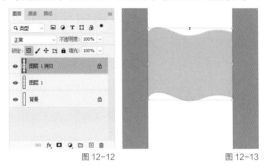

图 12-9

❷ 选择"钢笔工具" ⌀.，在选项栏中设置"选择工具模式"为"路径"，绘制路径，如图 12-10 所示。

❸ 新建"图层 1"，设置前景色为粉红色（R:242，G:194，B:209），按快捷键 Ctrl+Enter，将绘制的路径转换为选区，并按快捷键 Alt+Delete 填充选区，如图 12-11 所示，按快捷键 Ctrl+D 取消选区。

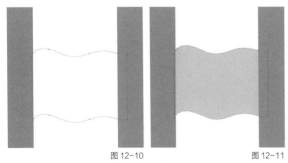

图 12-10　　　　　　　　　图 12-11

❹ 按快捷键 Ctrl+J 复制图层，单击"图层 1 拷贝"图层的"锁定透明像素"按钮▥，锁定拷贝图层的透明像素，如图 12-12 所示。

❺ 设置前景色为浅蓝色（R:106，G:217，B:228），按快捷键 Alt+Delete 更改图形颜色。按快捷键 Ctrl+T，打开

"自由变换"调节框，并按住 Shift+Alt 键拖曳上下控制点，收缩图形，如图 12-13 所示，按 Enter 键确认。

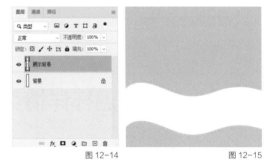

图 12-12　　　　　　　　　图 12-13

❻ 在"图层"面板中，按住 Ctrl 键，选中"图层 1"和"图层 1 拷贝"图层，按快捷键 Ctrl+E 合并图层，并将其重命名为"展示背景"，如图 12-14 所示。

❼ 按快捷键 Ctrl+J 复制图形，选择"移动工具" ↔.，按住 Shift 键向上拖曳图形，调整图形到页面顶端，如图 12-15 所示。

图 12-14　　　　　　　　　图 12-15

❽ 打开"素材文件 \CH12\9-保温杯海报背景.jpg"文件，如图 12-16 所示。

图 12-16

❾ 选择"移动工具" ↔.，拖曳保温杯海报背景图像到"儿童保温杯详情页设计"文档中，设置图层混合模式为"正片叠底"，并按快捷键 Ctrl+T，打开"自由变换"调节框，调整图像的大小并将图像移到页面的顶部，如图 12-17 所示，按 Enter 键确认。

图 12-17

⑩ 按住 Ctrl 键，单击"展示背景"图层的缩览图，载入图形外轮廓选区，选择"矩形选框工具" ⊡，将选区向上移动到浅蓝色图形边缘位置，如图 12-18 所示。

⑪ 按快捷键 Ctrl+Shift+I，反选选区，并按 Delete 键，删除选区内容，如图 12-19 所示，按快捷键 Ctrl+D 取消选区。

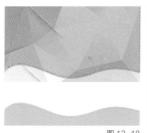
图 12-18

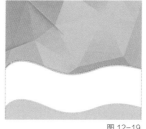
图 12-19

⑫ 打开"10-儿童保温杯.tif"文件，如图 12-20 所示。

图 12-20

⑬ 选择"移动工具" ⊕，拖曳蓝色保温杯图像到"儿童保温杯详情页设计"文档中，按快捷键 Ctrl+T，打开"自由变换"调节框，调整图像的大小，并将图像放到海报位置，如图 12-21 所示，按 Enter 键确认。

图 12-21

⑭ 打开"11-保温杯标志.tif"文件，如图 12-22 所示。

图 12-22

⑮ 选择"移动工具" ⊕，拖曳标志图像到"儿童保温杯详情页设计"文档中，并按快捷键 Ctrl+T，调整图像的大小和位置，如图 12-23 所示，按 Enter 键确认。

⑯ 选择"横排文字工具" T，设置前景色为白色，输入主题文字，如图 12-24 所示。

图 12-23

图 12-24

⑰ 双击文字图层，打开"图层样式"对话框，勾选"投影"复选框，设置"不透明度"为 15%，"距离"为 5 像素，"扩展"为 0%，"大小"为 5 像素，如图 12-25 所示，单击"确定"按钮 确定。

图 12-25

⑱ 新建图层，并将其命名为"海报装饰矩形"。选择"矩形选框工具" ⊡，绘制选区，并按快捷键 Alt+Delete 填充选区，如图 12-26 所示。

图 12-26

⑲ 新建图层，并将其命名为"海报装饰描边"。执行"编辑 > 描边"命令，打开"描边"对话框，设置"宽度"为 2 像素，"颜色"为白色，选择"居外"选项，如图 12-27 所示，单击"确定"按钮 确定，按快捷键 Ctrl+D 取消选区。

图 12-27

⑳ 选择"海报装饰矩形"图层，选择"矩形选框工具"□，在白色矩形上绘制选区，并按 Delete 键删除选区内容，效果如图 12-28 所示，按快捷键 Ctrl+D 取消选区。

图 12-28

㉑ 选择"横排文字工具"T.，分别输入文字信息，如图 12-29 所示。

图 12-29

㉒ 打开"12-图标.tif"文件，如图 12-30 所示。

图 12-30

㉓ 选择"移动工具"⊕，拖曳图标图像到"儿童保温杯详情页设计"文档中，调整图像的位置，如图 12-31 所示。

㉔ 选择"横排文字工具"T.，设置前景色为蓝色（R:88，G:180，B:190），分别输入文字信息，如图 12-32 所示。

图 12-31　　　　　　　图 12-32

㉕ 选择"10-儿童保温杯.tif"素材图片，选择"移动工具"⊕，拖曳粉红色保温杯图像到"儿童保温杯详情页设计"文档中，并按快捷键 Ctrl+T，调整图像的大小和位置，如图 12-33 所示，按 Enter 键确认。

图 12-33

㉖ 选择"钢笔工具"⌀.，在选项栏中设置"选择工具模式"为"形状"，"描边"颜色为白色，"形状描边宽度"为 1 点，单击"设置形状描边类型"下拉按钮——，选择下拉列表中的"直线描边"选项，并按住 Shift 键绘制垂直线段，如图 12-34 所示，将该图层重命名为"标尺直线"。

图 12-34

㉗ 运用同样的方法，在标尺线段的两端绘制横向线段，如图 12-35 所示。

图 12-35

㉘ 复制绘制的标尺，按快捷键 Ctrl+T，打开"自由变换"调节框，在调节框中单击鼠标右键，在弹出的快捷菜单中选择"顺时针旋转 90 度"命令，并按住 Shift 键调整线段的大小和位置，如图 12-36 所示，按 Enter 键确认。

图 12-36

㉙ 使用"直排文字工具" ⅠT.和"横排文字工具" T.，在标尺位置分别输入保温杯的尺寸信息，如图 12-37 所示。

图 12-37

㉚ 运用同样的方法，使用"横排文字工具" T.和"钢笔工具" ∅.分别输入文字信息和绘制装饰线条，如图 12-38 所示。

图 12-38

㉛ 选择"横排文字工具" T.，设置前景色为蓝色（R:0，G:213，B:235），输入标题文字，并选择"矩形选框工具" □.，绘制文字装饰线条，如图 12-39 所示。

图 12-39

㉜ 选择"10-儿童保温杯.tif"素材图片，选择"移动工具" ⊕.，拖曳保温杯图像到"儿童保温杯详情页设计"文档中，并按快捷键 Ctrl+T，调整图像的大小和位置，如图 12-40 所示，按 Enter 键确认。

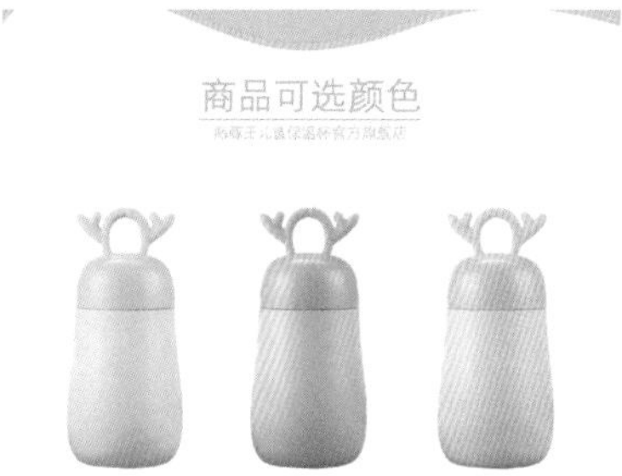

图 12-40

㉝ 选择"椭圆工具" ○.，在选项栏中设置"填充"颜色为蓝色（R:0，G:213，B:235），"描边"颜色为无颜色 ☑，按住 Shift 键绘制圆形，如图 12-41 所示。

㉞ 按快捷键 Ctrl+J 复制两个圆形，选择"移动工具" ⊕.，按住 Shift 键水平拖曳鼠标，调整它们的位置，然后分别更改圆形颜色为粉红色（R:241，G:158，B:194）和黄色（R:249，G:224，B:88），如图 12-42 所示。

图 12-41　　　　　　　　　图 12-42

㉟ 新建图层，并将其命名为"商品颜色背景"。设置前景色为浅蓝色（R:106，G:217，B:228），选择"矩形选框工具" □.，绘制矩形选区，并按快捷键 Alt+Delete 填充选区，如图 12-43 所示。

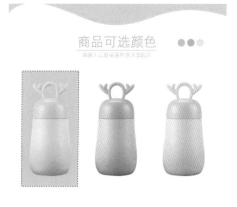

图 12-43

㊱ 新建图层，并将其命名为"商品颜色描边"。执行"编辑＞描边"命令，打开"描边"对话框，设置"宽度"为 2 像素，"颜色"为浅蓝色（R:106，G:217，B:228），选择"居外"选项，如图 12-44 所示，单击"确定"按钮（确定），按快捷键 Ctrl+D 取消选区。

图 12-44

㊲ 选择"商品颜色背景"图层，选择"矩形选框工具"，在浅蓝色矩形上绘制矩形选区，并按 Delete 键删除选区内容，如图 12-45 所示，按快捷键 Ctrl+D 取消选区。

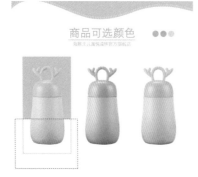

图 12-45

㊳ 按快捷键 Ctrl+J 复制"商品颜色背景"和"商品颜色描边"图形，选择"移动工具"，按住 Shift 键水平拖曳鼠标，调整图形的位置，然后单击图层的"锁定透明像素"按钮，分别更改对应的颜色为粉红色（R:242，G:194，B:209）和黄色（R:255，G:224，B:178），如图 12-46 所示。

图 12-46

㊴ 新建图层，并将其命名为"商品颜色文字矩形"，设置前景色为浅蓝色（R:106，G:217，B:228），选择"矩形选框工具"，绘制矩形选区，并按快捷键 Alt+Delete

填充选区，如图 12-47 所示，按快捷键 Ctrl+D 取消选区。

㊵ 运用同样的方法，复制两个"商品颜色文字矩形"图形，分别按住 Shift 键水平拖曳鼠标，调整图形的位置，然后单击图层的"锁定透明像素"按钮，分别更改对应的颜色为粉红色（R:242，G:194，B:209）和黄色（R:255，G:224，B:178），如图 12-48 所示。

图 12-47　　　　　　　　　　　图 12-48

㊶ 选择"横排文字工具"，设置前景色为白色，分别在矩形中输入商品颜色文字，如图 12-49 所示。

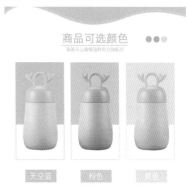

图 12-49

㊷ 复制"展示背景"图形，选择"移动工具"，按住 Shift 键垂直向下拖曳图形，然后调整图形的位置，如图 12-50 所示。

图 12-50

④③ 按快捷键 Ctrl+J 复制图形，选择"移动工具" ⊕.，按住 Shift 键垂直向下拖曳图形，调整图形的位置，如图 12-51 所示。

④④ 选择"矩形选框工具" ▢，绘制矩形选区，选择展示背景的上端部分，并按 Delete 键删除选区内容，效果如图 12-52 所示，按快捷键 Ctrl+D 取消选区。

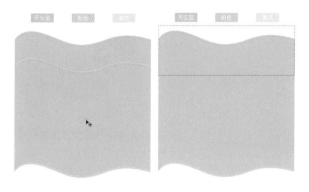

图 12-51　　　　　　　　　　图 12-52

> **提示**
>
> 由于制作的展示背景高度不够，直接拉伸图形会变形，所以不可对图形进行直接拉伸，需要复制两个背景进行拼接，以保证背景统一且不变形。

④⑤ 复制标题文字和文字装饰线条，选择"移动工具" ⊕.，按住 Shift 键垂直拖曳鼠标，调整文字和线条的位置，然后单击图层的"锁定透明像素"按钮 ▨，更改线条的颜色为白色，选择"横排文字工具" T.，更改标题文字信息和颜色，如图 12-53 所示。

图 12-53

④⑥ 选择"10-儿童保温杯.tif"素材图片，选择"移动工具" ⊕.，拖曳蓝色保温杯图像到"儿童保温杯详情页设计"文档中，并按快捷键 Ctrl+T，调整图像的大小和位置，如图 12-54 所示，按 Enter 键确认。

图 12-54

④⑦ 选择"矩形工具" ▢，在选项栏中设置"选择工具模式"为"形状"，"填充"颜色为粉红色（R:242，G:194，B:209），绘制矩形，如图 12-55 所示，并将其重命名为"进度条"。

图 12-55

④⑧ 按住 Ctrl 键，单击"进度条"图层的缩览图，载入图形外轮廓选区。新建图层，并将其命名为"进度条描边"。执行"编辑＞描边"命令，打开"描边"对话框，设置"宽度"为 2 像素，"颜色"为白色，选择"居外"选项，如图 12-56 所示，单击"确定"按钮（确定）。

图 12-56

④⑨ 复制进度条和进度条描边图形，选择"移动工具" ⊕.，按住 Shift 键垂直拖曳鼠标，调整图形的位置，按快捷键 Ctrl+T，调整进度条的长度，如图 12-57 所示，按 Enter 键确认。

⑩ 运用同样的方法，复制进度条和进度条描边图形，并按快捷键 Ctrl+T，调整进度条的长度，如图 12-58 所示，按 Enter 键确认。

图 12-57　　　　　　图 12-58

⑪ 复制 3 个进度条和进度条描边图形，按快捷键 Ctrl+T，打开"自由变换"调节框，在调节框中单击鼠标右键，在弹出的快捷菜单中选择"水平翻转"命令，并按住 Shift 键调整图形的位置，如图 12-59 所示，按 Enter 键确认。

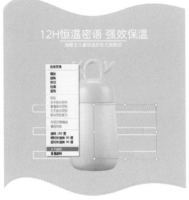

图 12-59

⑫ 选择"横排文字工具" T.，设置前景色为白色，分别输入文案，如图 12-60 所示。

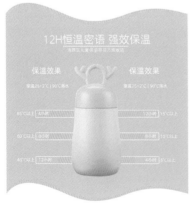

图 12-60

⑬ 复制蓝色标题文字和文字装饰线条，选择"移动工具" +.，按住 Shift 键垂直拖曳鼠标，调整它们的位置，选择"横排文字工具" T.，更改标题文字信息，如图 12-61 所示。

可拆卸全能杯口 密封防漏

图 12-61

⑭ 打开"13-瓶盖细节展示.jpg"文件，如图 12-62 所示。

图 12-62

⑮ 选择"移动工具" +.，拖曳瓶盖细节展示图像到"儿童保温杯详情页设计"文档中，调整图像的位置，如图 12-63 所示。

图 12-63

⑯ 复制"展示背景"图形，选择"移动工具" +.，按住 Shift 键垂直向下拖曳图形，并调整图形的位置，如图 12-64 所示。

图 12-64

⑰ 复制白色标题文字和文字装饰线条，选择"移动工具" +.，按住 Shift 键垂直拖曳鼠标，调整它们的位置，选择"横排文字工具" T.，更改标题文字信息，如图 12-65 所示。

⑱ 选择"圆角矩形工具" ，在选项栏中设置"选择工具模式"为"形状"，"填充"颜色为红色（R:244，G:152，B:160），"半径"为20像素，绘制圆角矩形路径，如图12-66所示。

图 12-65　　　　　　　　　　　图 12-66

⑲ 按快捷键Ctrl+J复制图形，选择"移动工具" ，分别调整图形的位置，如图12-67所示。

图 12-67

⑳ 打开"14-保温杯细节展示.tif"文件，如图12-68所示。

图 12-68

㉑ 选择"移动工具" ，拖曳过滤网图像到"儿童保温杯详情页设计"文档中，按快捷键Ctrl+Alt+G，创建剪切蒙版，并调整图像的位置，如图12-69所示。

㉒ 运用同样的方法，分别将"14-保温杯细节展示.tif"中其他的素材图片拖曳到"儿童保温杯详情页设计"文档中，按快捷键Ctrl+Alt+G，创建剪切蒙版，并调整图像的位置，如图12-70所示。

图 12-69　　　　　　　　　　　图 12-70

㉓ 选择"矩形选框工具" ，绘制粉红色（R:255，G:206，B:211）文字装饰线条，选择"横排文字工具" ，分别输入保温杯细节文字信息，如图12-71所示。

图 12-71

64 完成以上所有操作后，对儿童保温杯详情页设计进行整体调整，最终效果如图 12-72 所示。

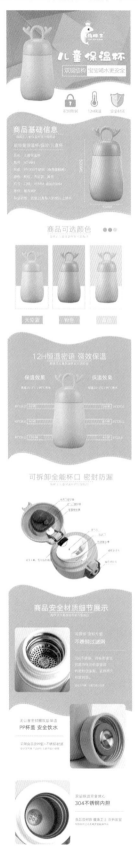

图 12-72

淘宝美工
全能一本通

第 13 章

淘宝
活动页设计

关于淘宝活动页

活动页就是对网店各种活动产品进行介绍的页面，在设计的过程中需要注意很多规范，本小节就来详细介绍关于淘宝活动页的一些注意事项。

在淘宝店铺中，活动页的设计是非常重要的。当买家进入店铺之后，是否能吸引买家停留，让买家产生浏览欲望，就看卖家的活动页是否吸引人，如图 13-1 所示。

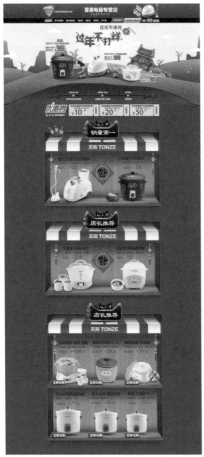

图 13-1

13.1.1 活动页尺寸规范

注意活动页面的尺寸问题，避免在店铺中过大或过小显示。下面讲解淘宝店铺和天猫商城的尺寸规范。

1. 淘宝尺寸规范

活动页对高度没有具体的要求，可以根据需要来设置，考虑到在 PC 端显示的美观度，宽度一般为 950 像素，也有宽度为 1920 像素的全屏显示尺寸，如图 13-2 所示。

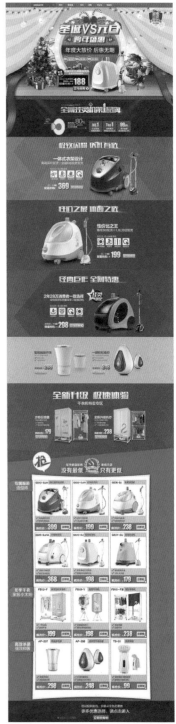

图 13-2

2. 天猫商城尺寸规范

天猫店铺的活动页面设计尺寸要适合大多数的 PC 端屏幕显示尺寸，和淘宝店铺一样，高度可以自由调整，宽度为 990 像素，比淘宝店铺的略宽，如图 13-3 所示。

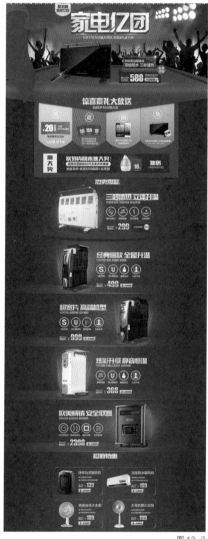

图 13-3

13.1.2 活动页格式规范

网店首页设计与活动页面是一体的，形式上保持一致，内容上会有些变化。活动页中沿用首页的商品图片和设计元素，颜色上可与首页保持一致，也可以有所改变，但通常不会改变太多，如图 13-4 所示。

在格式上，活动页和首页格式几乎一样，最大宽度为 1920 像素，高度根据店铺商品数量及店家活动内容进行设计，没有明确的规定，如图 13-5 所示。

图 13-4   图 13-5

13.1.3 活动页包含的内容

在淘宝店铺中，活动页一般搭配活动节日或店庆等同步进行设计。活动页中包含哪些设计呢？下面总结出 4 点内容来帮助淘宝美工强化记忆。

1. 活动主题

当节日来临或店家要做活动的时候，店铺就会针对该活动进行活动页设计，将要做活动的商品在活动页中单独进行展示、促销，如图 13-6 所示。

图 13-6

了店铺所有的商品图片，而活动页的商品一般只来源于首页中的商品，从首页中筛选商品，放入活动页进行促销，如图 13-8 所示。

4. 优惠政策

做活动必然会有相应的优惠政策，以吸引消费者进入活动页浏览商品，所以优惠政策在活动页中也是必不可少的，如图 13-9 所示。

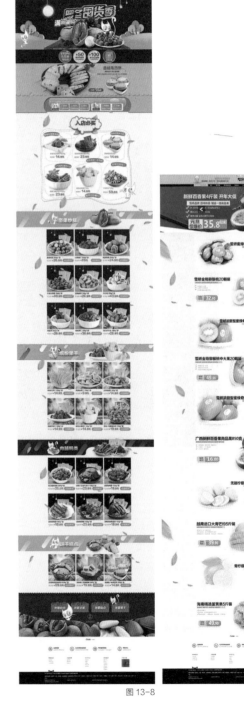

2. 活动海报

海报在活动页设计中是必不可少的，不同的活动就需要有相关的活动海报作为宣传使用，整个设计要比首页中的海报更有节日气氛，给消费者眼前一亮的视觉感受，如图 13-7 所示。

图 13-7

3. 活动商品

不管是首页还是活动页，商品都是必不可少的，但是活动页的商品和首页商品有所不同，首页中可能包含

图 13-8   图 13-9

13.2 常见淘宝活动页布局

活动页的布局在形式上一般和首页布局相似，这样可以使整个店铺的形式达到整体的统一。下面总结了在天猫和淘宝中常见的两种布局形式。

13.2.1 T 字布局

T 字布局整体效果类似英文字母 T，所以称为 T 字布局，是淘宝店铺网页设计中使用非常广泛的布局方式。这种布局的优点是页面结构清晰，主次分明，如图 13-10 所示。

图 13-10

13.2.2 "王"字布局

页面顶部结构与 T 字布局结构一样，为店铺店招和首屏海报，不同的是，"王"字布局下方显示的店铺商品内容，会有一个与网页同宽的海报或分类栏。这类布局的优点是页面结构清晰，条理分明，消费者在浏览页面时能一眼看出分类和商品信息，如图 13-11 所示。

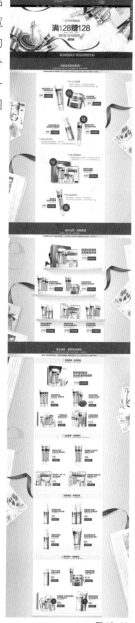

图 13-11

网店中节日类的活动页设计是较常见的，那么如何设计和制作节日类活动页面呢？下面举例进行详细介绍。

实战：**"双十一"促销活动页面设计**

"双十一"活动每年都是淘宝店铺和天猫商城最为大型的促销活动，因此做好"双十一"活动页面设计尤为重要，下面就来讲解如何制作吸引人的"双十一"活动页。

素材位置	素材文件>CH13>1-彩色漂浮.tif、2-装饰礼盒.tif、3-装饰彩带.tif、4-店标.tif、5-热销旅行箱.tif、6-新品拉杆箱展示.tif、7-展架旅行箱.tif、8-和我联系.tif
实例位置	实例文件>CH13>实战："双十一"促销活动页面设计.psd
视频名称	实战："双十一"促销活动页面设计.mp4
实用指数	★★★★☆
技术掌握	掌握"双十一"促销活动页面设计的制作方法

"双十一"促销活动页面的最终效果如图 13-12 所示。

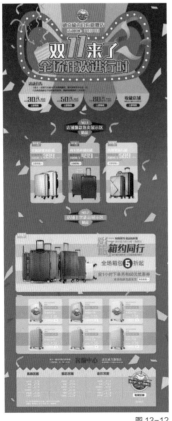

图 13-12

① 执行"文件>新建"命令，打开"新建文档"对话框，并将文件命名为"双十一促销活动页面设计"，设置"宽度"为 1920 像素，"高度"为 4600 像素，"分辨率"为 72 像素/英寸，如图 13-13 所示，单击"创建"按钮。

图 13-13

② 选择"渐变工具"，单击选项栏中的"点按可编辑渐变"按钮，打开"渐变编辑器"对话框，设置"位置 0"的颜色为深紫色（R:61，G:8，B:65），"位置 100"的颜色为红色（R:255，G:32，B:80），如图 13-14 所示，单击"确定"按钮。

图 13-14

③ 单击选项栏中的"线性渐变"按钮▣，按住 Shift 键由上往下拖曳，渐变颜色效果如图 13-15 所示。

④ 按快捷键 Ctrl+O，打开"素材文件\CH13\1-彩色漂浮.tif"文件，如图 13-16 所示。

图 13-15　　　　　　图 13-16

⑤ 选择"移动工具"✛.，拖曳彩色漂浮图像到"双十一促销活动页面设计"文档中，按快捷键 Ctrl+J，复制多个彩色漂浮图像，并分别调整位置，如图 13-17 所示。

⑥ 新建图层，并将其命名为"矩形"，设置前景色为黄色（R:255，G:195，B:42），选择"矩形选框工具"▣，绘制矩形选区，并按快捷键 Alt+Delete 填充选区，如图 13-18 所示，按快捷键 Ctrl+D 取消选区。

图 13-17　　　　　　图 13-18

⑦ 按快捷键 Ctrl+Alt+T，打开"自由变换"调节框，并按住 Shift 键水平向右拖曳复制的矩形，如图 13-19 所示，按 Enter 键确认。

⑧ 按快捷键 Ctrl+Alt+Shift+T，重复上一次的移动复制操作，复制多个矩形，如图 13-20 所示。

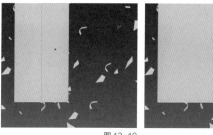

图 13-19　　　　　　图 13-20

⑨ 选择"矩形 拷贝"图层，并单击图层的"锁定透明像素"按钮▣，设置前景色为绿色（R:5，G:149，B:124），按快捷键 Alt+Delete 更改图形颜色，如图 13-21 所示。

图 13-21

⑩ 运用同样的方法，分别更改其他复制图形的颜色为玫红色（R:251，G:86，B:147）和蓝绿色（R:0，G:185，B:171），如图 13-22 所示。

图 13-22

⑪ 在"图层"面板中，按住 Ctrl 键，选中"矩形"图层和其他"矩形 拷贝"图层，按快捷键 Ctrl+E 合并图层，并将其重命名为"彩色条纹"，如图 13-23 所示。

图 13-23

⑫ 按快捷键 Ctrl+T，打开"自由变换"调节框，同时按住 Ctrl+Shift+Alt 键，向内拖曳右上角的控制点，调整图形，如图 13-24 所示。

⑬ 单击选项栏中的"在自由变换和变形模式之间切换"按钮❀，拖曳控制点，调整图形的弧度，如图 13-25 所示，按 Enter 键确认。

图 13-24　　　　　　　　　图 13-25

⑭ 选择"钢笔工具"⬤，绘制路径，如图 13-26 所示。

⑮ 新建图层，并将其命名为"主题装饰背景"，按快捷键 Ctrl+Enter，将路径转换为选区，设置前景色为红色（R:255，G:32，B:80），并按快捷键 Alt+Delete 填充选区，如图 13-27 所示，按快捷键 Ctrl+D 取消选区。

图 13-26　　　　　　　　　图 13-27

⑯ 选择"钢笔工具"⬤，绘制路径，如图 13-28 所示。

⑰ 新建图层，并将其命名为"主题装饰边框"，按快捷键 Ctrl+Enter，将路径转换为选区，并按快捷键 Alt+Delete 将选区填充为红色，如图 13-29 所示，按快捷键 Ctrl+D 取消选区。

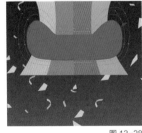 

图 13-28　　　　　　　　　图 13-29

⑱ 选择"钢笔工具"⬤，绘制路径，如图 13-30 所示。

图 13-30

⑲ 选择"画笔工具"⬤，单击选项栏中的"切换画笔设置面板"按钮⬛，打开"画笔设置"面板，设置画笔样式为"硬边圆 123"，"大小"为 25 像素，"间距"为 300%，如图 13-31 所示。

⑳ 新建图层，并将其命名为"边框装饰圆点"。设置前景色为白色，打开"路径"面板，单击面板下方的"用画笔描边路径"按钮⬤，如图 13-32 所示。

图 13-31　　　　　　　　　图 13-32

㉑ 选择"横排文字工具"T.，设置前景色为白色，输入主题文字信息，如图 13-33 所示。

图 13-33

㉒ 在文字图层上单击鼠标右键，在弹出的快捷菜单中选择"转换为形状"命令，将文字格式转换为形状路径，如图 13-34 所示。

图 13-34

㉓ 选择"直接选择工具" ，调整数字 11 的文字形状，如图 13-35 所示。

图 13-35

㉔ 双击文字图层，打开"图层样式"对话框，勾选"描边"复选框，设置"颜色"为深紫色（R:61，G:8，B:65），"大小"为 8 像素，"位置"为"外部"，如图 13-36 所示。

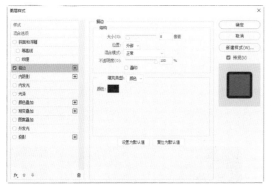

图 13-36

㉕ 勾选"投影"复选框，设置"颜色"为黄色（R:255，G:195，B:42），"不透明度"为 100%，"距离"为 0 像素，"扩展"为 100%，"大小"为 16 像素，如图 13-37 所示，单击"确定"按钮 。

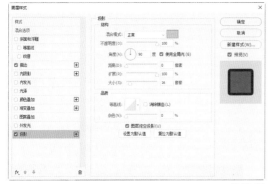

图 13-37

㉖ 选择"矩形工具" ，在选项栏中设置"选择工具模式"为"形状"，"填充"颜色为玫红色（R:251，G:86，B:147），绘制矩形，并选择"直接选择工具" ，框选顶部两个锚点，按住 Shift 键水平调整矩形路径的斜度，与文字 11 平行，如图 13-38 所示。

㉗ 使用"路径选择工具" ，选择绘制的矩形，按快捷键 Ctrl+Alt+T，打开"自由变换"调节框，按住 Shift 键水平向右拖曳复制的矩形，如图 13-39 所示，按 Enter 键确认。

图 13-38　　　　　　　　　　图 13-39

㉘ 按快捷键 Ctrl+Alt+Shift+T，重复上一次的移动复制操作，复制多个矩形，如图 13-40 所示。

㉘ 按快捷键 Ctrl+Alt+G，创建剪切蒙版，效果如图 13-41 所示。

图 13-40　　　　　　　　　　图 13-41

㉚ 选择"横排文字工具" ，输入玫红色文字信息，如图 13-42 所示。

图 13-42

㉛ 双击文字图层，打开"图层样式"对话框，在对话框中勾选"描边"复选框，设置"颜色"为深紫色（R:61，G:8，B:65），"大小"为 8 像素，"位置"为"外部"，如图 13-43 所示。

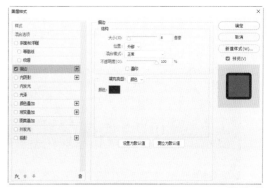

图 13-43

㉜ 勾选"投影"复选框，设置"颜色"为黄色（R:255，G:195，B:42），"不透明度"为100%，"距离"为0像素，"扩展"为100%，"大小"为16像素，如图13-44所示，单击"确定"按钮。

图13-44

㉝ 选择"矩形工具" □.，在选项栏中设置"选择工具模式"为"形状"，"填充"颜色为白色，绘制矩形，如图13-45所示。

图13-45

㉞ 按快捷键Ctrl+Alt+T，打开"自由变换"调节框，并按住Shift键垂直向下拖曳复制的矩形，如图13-46所示，按Enter键确认。

图13-46

㉟ 按快捷键Ctrl+Alt+Shift+T，重复上一次的移动复制操作，复制多个矩形，如图13-47所示。

图13-47

㊱ 按快捷键Ctrl+Alt+G，创建剪切蒙版，效果如图13-48所示。

图13-48

㊲ 按快捷键Ctrl+O，打开"2-装饰礼盒.tif"文件，如图13-49所示。

图13-49

㊳ 选择"移动工具" +.，拖曳图像到"双十一促销活动页面设计"文档中，调整图层的位置到文字图层的下一层，并按快捷键Ctrl+T，调整图像的位置和旋转角度，如图13-50所示，按Enter键确认。

图13-50

㊴ 打开"3-装饰彩带.tif"文件，如图13-51所示。

图13-51

㊵ 选择"移动工具" +.，拖曳图像到"双十一促销活动页面设计"文档中，调整图像的位置，如图13-52所示。

图13-52

㊶ 打开"4-店标.tif"文件,如图 13-53 所示。

图 13-53

㊷ 选择"移动工具" ⊕,拖曳店标到"双十一促销活动页面设计"文档中,并按快捷键 Ctrl+T,调整图像的大小和位置,如图 13-54 所示,按 Enter 键确认。

图 13-54

㊸ 选择"横排文字工具" T,设置前景色为红色(R:255,G:32,B:80),输入文字信息,如图 13-55 所示。

图 13-55

㊹ 双击文字图层,打开"图层样式"对话框,勾选"描边"复选框,设置"颜色"为白色,"大小"为 5 像素,"位置"为"外部",如图 13-56 所示,单击"确定"按钮(确定)。

图 13-56

㊺ 为文字添加"描边"图层样式后,活动主题区域的效果如图 13-57 所示。

图 13-57

㊻ 选择"椭圆工具" ○,在选项栏中设置"选择工具模式"为"形状","填充"颜色为黄色(R:255,G:227,B:68),按住 Shift 键绘制圆形,并调整图层到"彩色条纹"的下一层,如图 13-58 所示。

㊼ 选择"直接选择工具" ▷,框选圆形路径顶部的锚点,按 Delete 键删除锚点,如图 13-59 所示。

图 13-58　　　　　　　　　　　　　　图 13-59

㊽ 选择"钢笔工具" ⌀,按住 Alt 键,分别单击左、右的锚点,绘制闭合的半圆形路径,如图 13-60 所示。

图 13-60

㊾ 按快捷键 Ctrl+J 复制多个图形,按住 Shift 键水平调整各图形位置,并分别更改图形颜色为绿色(R:73,G:200,B:148)、粉红色(R:255,G:113,B:166)和蓝绿色(R:98,G:214,B:205),如图 13-61 所示。

图 13-61

50 选择"圆角矩形工具" □.,在选项栏中设置"选择工具模式"为"形状","填充"颜色为绿色（R:73,G:200,B:148），"半径"为30像素，绘制圆角矩形，如图13-62所示。

51 选择"矩形工具" □.,在选项栏中设置"填充"颜色为白色，绘制矩形，如图13-63所示。

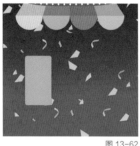 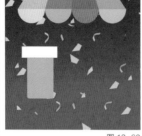
图 13-62　　　　　　　　图 13-63

52 按快捷键Ctrl+Alt+T，打开"自由变换"调节框，并按住Shift键垂直向下拖曳复制的矩形，如图13-64所示，按Enter键确认。

53 按快捷键Ctrl+Alt+Shift+T，重复上一次的移动复制操作，复制矩形，如图13-65所示。

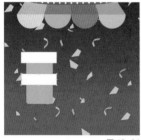 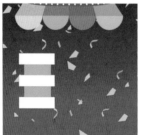
图 13-64　　　　　　　　图 13-65

54 按快捷键Ctrl+Alt+G，创建剪切蒙版，并设置白色矩形的"不透明度"为50%，效果如图13-66所示。

55 在"图层"面板中，按住Ctrl键选择绘制的圆角矩形和白色矩形图层，按快捷键Ctrl+J复制多个图形，按住Shift键水平调整各图形的位置，并分别更改圆角矩形的颜色为粉红色（R:255,G:113,B:166）和蓝绿色（R:98,G:214,B:205），如图13-67所示。

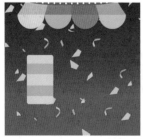 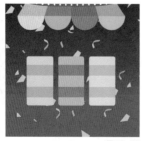
图 13-66　　　　　　　　图 13-67

56 选择"圆角矩形工具" □.,在选项栏中设置"填充"颜色为黄色（R:255,G:195,B:42），"半径"为30像素，绘制圆角矩形，如图13-68所示。

57 运用同样的方法，选择"矩形工具" □.,在选项栏中设置"填充"颜色为白色，绘制矩形，并垂直向下移动复制矩形，如图13-69所示。

图 13-68　　　　　　　　图 13-69

58 按快捷键Ctrl+Alt+G，创建剪切蒙版，并设置白色矩形的"不透明度"为50%，效果如图13-70所示。

59 运用同样的方法，复制绘制的圆角矩形和白色矩形，按住Shift键垂直向下调整图形的位置，并更改圆角矩形的颜色为蓝绿色（R:1,G:183,B:170），如图13-71所示。

图 13-70　　　　　　　　图 13-71

60 选择"钢笔工具" Ø.,在选项栏中设置"选择工具模式"为"形状","填充"颜色为白色，在窗口底部绘制形状路径，如图13-72所示。

61 按快捷键Ctrl+Alt+T，打开"自由变换"调节框，并按住Shift键水平向右拖曳复制的形状，如图13-73所示，按Enter键确认。

图 13-72　　　　　　　　图 13-73

62 按快捷键 Ctrl+Alt+Shift+T，重复上一次的移动复制操作，复制多个形状路径，如图 13-74 所示。

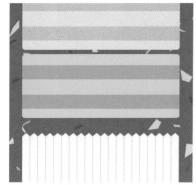

图 13-74

63 新建图层，并将其命名为"矩形条"，设置前景色为黄色（R:255，G:227，B:68），选择"矩形选框工具"，绘制选区，并按快捷键 Alt+Delete 填充选区，如图 13-75 所示，按快捷键 Ctrl+D 取消选区。

64 按快捷键 Ctrl+J 复制矩形，按住 Shift 键垂直向下调整图形的位置，并单击该图层的"锁定透明像素"按钮，设置前景色为蓝绿色（R:98，G:214，B:205），按快捷键 Alt+Delete 填充图形，如图 13-76 所示。

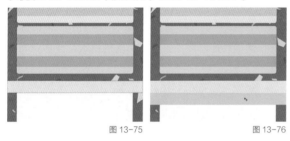

图 13-75   图 13-76

65 运用同样的方法，复制多个矩形，按住 Shift 键垂直向下调整各图形的位置，单击该图层的"锁定透明像素"按钮，并分别更改图形的颜色为粉红色（R:255，G:184，B:211）和红色（R:255，G:32，B:80），如图 13-77 所示。

图 13-77

66 合并绘制的"矩形条"和复制的多个"矩形条 拷贝"图层，并将其重命名为"彩色矩形线条"，按快捷键

Ctrl+Alt+G，创建剪切蒙版，效果如图 13-78 所示。

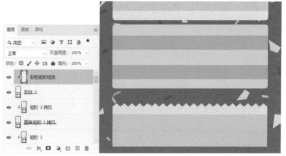

图 13-78

67 回到页面顶部，选择"横排文字工具"，设置前景色为深紫色（R:62，G:8，B:65），在窗口中输入活动公告文字信息，如图 13-79 所示。

图 13-79

68 选择"圆角矩形工具"，在选项栏中设置"填充"颜色为深紫色（R:62，G:8，B:65），"半径"为 15 像素，绘制圆角矩形，如图 13-80 所示。

69 选择"横排文字工具"，在半圆形中输入深紫色和白色的优惠券文字信息，如图 13-81 所示。

图 13-80   图 13-81

70 在"图层"面板中，按住 Ctrl 键选中圆角矩形和文案文字图层，按快捷键 Ctrl+J，复制多个优惠券。选择"移动工具"，按住 Shift 键水平拖曳鼠标，调整优惠券的位置，选择"横排文字工具"，分别在优惠券中更改优惠金额和收藏文字信息，如图 13-82 所示。

图 13-82

71 新建图层，并将其命名为"圆形"，设置前景色为
粉红色（R:255，G:94，B:143），选择"椭圆选框工具" ○.，
按住 Shift 键绘制圆形选区，并按快捷键 Alt+Delete
填充选区，如图 13-83 所示，按快捷键 Ctrl+D 取消
选区。

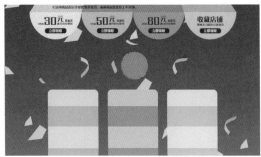

图 13-83

72 新建图层，并将其命名为"矩形条"，设置前景色为紫
红色（R:138，G:18，B:71），选择"矩形选框工具" □.，
绘制矩形选区，并按快捷键 Alt+Delete 填充选区，如图
13-84 所示，按快捷键 Ctrl+D 取消选区。

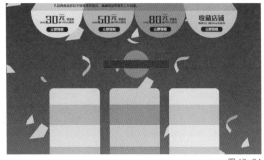

图 13-84

73 选择"钢笔工具" ◎.，在选项栏中设置"选择工具模
式"为"形状"，"填充"颜色为深紫色（R:42，G:7，
B:44），在窗口中绘制形状，如图 13-85 所示。

74 按快捷键 Ctrl+Alt+T，打开"自由变换"调节框，
在调节框中单击鼠标右键，在弹出的快捷菜单中选择"水
平翻转"命令，并按住 Shift 键水平向右拖曳复制的形状，
如图 13-86 所示，按 Enter 键确认。

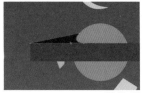
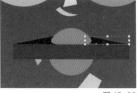

图 13-85   图 13-86

75 选择"路径选择工具" ▶.，选择制作的两个形状路径，
按快捷键 Ctrl+Alt+T，打开"自由变换"调节框，在调
节框中单击鼠标右键，在弹出的快捷菜单中选择"垂直
翻转"命令，并按住 Shift 键垂直向下拖曳复制的形状，
如图 13-87 所示，按 Enter 键确认。

76 选择"横排文字工具" T.，设置前景色为白色，在图
形上输入热销区文字信息，如图 13-88 所示。

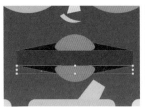

图 13-87   图 13-88

77 在"图层"面板中，按住 Ctrl 键，选中"圆形""矩
形条"、形状路径和文案文字图层，按快捷键 Ctrl+J，
复制制作的热销区标题，选择"移动工具" +.，按住
Shift 键垂直拖曳鼠标，调整标题的位置，分别更改图
形的颜色和展区的文字信息，如图 13-89 所示。

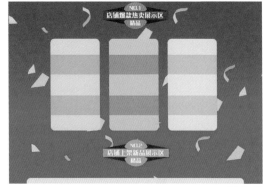

图 13-89

78 回到热销区位置，选择"矩形选框工具" □.，在绿色
展板的左上方绘制选区，如图 13-90 所示。

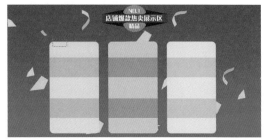

图 13-90

⑳ 选择"渐变工具" ，单击选项栏中的"点按可编辑渐变"按钮 ，打开"渐变编辑器"对话框，设置"位置 0"的颜色为浅绿色（R:107，G:189，B:155），"位置 100"的颜色为绿色（R:45，G:146，B:104），如图 13-91 所示，单击"确定"按钮 。

㉚ 新建图层，并将其命名为"热销区装饰矩形"，单击选项栏中的"线性渐变"按钮 ，按住 Shift 键由上往下拖曳，渐变颜色效果如图 13-92 所示，按快捷键 Ctrl+D 取消选区。

图 13-91　　　　　　　　　　图 13-92

㉛ 选择"横排文字工具" ，设置前景色为白色，在矩形中输入品牌文字信息，如图 13-93 所示。

图 13-93

㉜ 在"图层"面板中，按住 Ctrl 键，选中"热销区装饰矩形"和文案文字图层，按快捷键 Ctrl+J 复制图层，选择"移动工具" ，按住 Shift 键水平拖曳鼠标，调整图形和文字的位置，单击"热销区装饰矩形 拷贝"图层的"锁定透明像素"按钮 ，如图 13-94 所示。

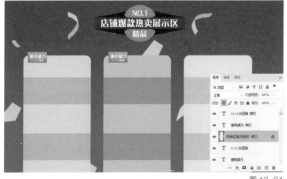

图 13-94

㉝ 选择"渐变工具" ，单击选项栏中的"点按可编辑渐变"按钮 ，打开"渐变编辑器"对话框，设置"位置 0"的颜色为粉红色（R:239，G:131，B:166），"位置 100"的颜色为红色（R:208，G:35，B:83），如图

13-95 所示，单击"确定"按钮 。

㉞ 单击选项栏中的"线性渐变"按钮 ，按住 Shift 键由上往下拖曳，渐变颜色效果如图 13-96 所示。

图 13-95　　　　　　　　　　图 13-96

㉟ 运用同样的方法，复制"热销区装饰矩形 拷贝"和文案文字图层，选择"移动工具" ，按住 Shift 键水平拖曳鼠标，调整图形和文字的位置，如图 13-97 所示。

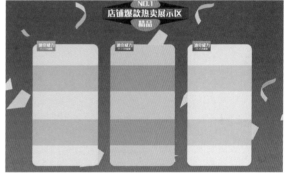

图 13-97

㊱ 选择"渐变工具" ，单击选项栏中的"点按可编辑渐变"按钮 ，打开"渐变编辑器"对话框，设置"位置 0"的颜色为浅蓝色（R:139，G:220，B:213），"位置 100"的颜色为蓝绿色（R:1，G:161，B:149），如图 13-98 所示，单击"确定"按钮 。

㊲ 选择复制的"热销区装饰矩形 拷贝 2"图层，单击选项栏中的"线性渐变"按钮 ，按住 Shift 键由上往下拖曳，渐变颜色效果如图 13-99 所示。

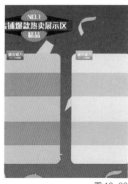

图 13-98　　　　　　　　　　图 13-99

⑧ 运用同样的方法，复制"热销区装饰矩形 拷贝 2"和文案文字图层，选择"移动工具" ⊹ ，调整图形与文字的位置，如图 13-100 所示。

图 13-100

⑧ 选择"渐变工具" ▪ ，单击选项栏中的"点按可编辑渐变"按钮 ▮▮▮ ，打开"渐变编辑器"对话框，设置"位置 0"的颜色为浅黄色（R:255，G:220，B:135），"位置 100"的颜色为黄色（R:253，G:173，B:15），如图 13-101 所示，单击"确定"按钮 确定 。

图 13-101

⑨ 选择复制的"热销区装饰矩形 拷贝 3"图层，单击选项栏中的"线性渐变"按钮 ▮ ，按住 Shift 键由上往下拖曳，渐变颜色效果如图 13-102 所示。

图 13-102

⑨ 打开"5- 热销旅行箱 .tif"文件，如图 13-103 所示。

图 13-103

⑨ 选择"移动工具" ⊹ ，分别将商品图像拖曳到"双十一促销活动页面设计"文档中，并调整商品的位置，如图 13-104 所示。

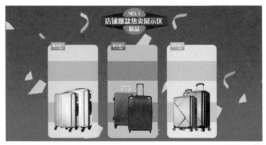

图 13-104

⑨ 选择"圆角矩形工具" ▢ ，在选项栏中设置"选择工具模式"为"形状"，"填充"颜色为白色，"半径"为 30 像素，绘制圆角矩形，如图 13-105 所示。

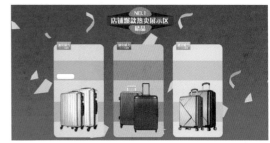

图 13-105

⑨ 选择"横排文字工具" T ，分别输入商品的文案信息，如图 13-106 所示。

图 13-106

⑨ 在"图层"面板中，按住 Ctrl 键，选中绘制的白色圆角矩形和文案文字图层，按快捷键 Ctrl+J 复制图层，选择"移动工具" ⊹ ，按住 Shift 键水平拖曳鼠标，调整图形和文字的位置，然后分别更改各商品的文字信息和文字颜色，效果如图 13-107 所示。

图 13-107

96 按快捷键 Ctrl+O，打开"素材文件 \CH13\6-新品拉杆箱展示.tif"文件，如图 13-108 所示。

图 13-108

97 选择"移动工具" ⊕，将商品图像拖曳到"双十一促销活动页面设计"文档中，并调整商品的位置，如图 13-109 所示。

图 13-109

98 选择"横排文字工具" T，分别输入广告宣传文字，颜色分别为蓝绿色（R:0，G:185，B:171），深紫色（R:77，G:41，B:105），如图 13-110 所示。

图 13-110

99 在蓝绿色文字图层上单击鼠标右键，在弹出的快捷菜单中选择"转换为形状"命令，将文字格式转换为形状路径，并调整文字的形状，如图 13-111 所示。

100 选择"横排文字工具" T，分别输入广告宣传文字信息，如图 13-112 所示。

图 13-111   图 13-112

101 新建图层，并将其命名为"展架圆形"，设置前景色为深紫色（R:77，G:41，B:105），选择"椭圆选框工具" ○，按住 Shift 键绘制圆形选区，并按快捷键 Alt+Delete 填充选区，如图 13-113 所示，按快捷键 Ctrl+D 取消选区。

102 选择"圆角矩形工具" ○，在选项栏中设置"选择工具模式"为"形状"，"填充"颜色为白色，"半径"为 30 像素，绘制圆角矩形，并更改图层名称为"展架圆角矩形"，如图 13-114 所示。

图 13-113   图 13-114

103 选择"横排文字工具" T，分别输入广告宣传文字信息，如图 13-115 所示。

图 13-115

104 选择"圆角矩形工具" ○，在选项栏中设置"选择工具模式"为"形状"，"填充"颜色为白色，"半径"为 15 像素，绘制圆角矩形，并更改图层名称为"商品展板"，设置"不透明度"为 50%，效果如图 13-116 所示。

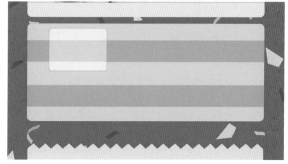

图 13-116

⑩⑤ 按快捷键 Ctrl+Alt+T，打开"自由变换"调节框，并按住 Shift 键水平向右拖曳复制的圆角矩形，如图 13-117 所示，按 Enter 键确认。

⑩⑥ 按快捷键 Ctrl+Alt+Shift+T，重复上一次的移动复制操作，复制圆角矩形，如图 13-118 所示。

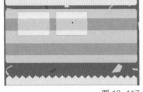 

图 13-117　　　　　　　　　图 13-118

⑩⑦ 选择"路径选择工具" ▶，框选制作的 3 个圆角矩形，按快捷键 Ctrl+Alt+T，打开"自由变换"调节框，并按住 Shift 键垂直向下拖曳复制的圆角矩形，如图 13-119 所示，按 Enter 键确认。

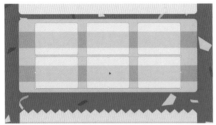

图 13-119

⑩⑧ 双击"商品展板"图层，打开"图层样式"对话框，在对话框中勾选"投影"复选框，设置"颜色"为绿色（R:19，G:92，B:62），其他参数设置如图 13-120 所示，单击"确定"按钮 确定 。

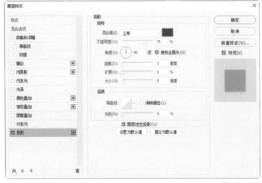

图 13-120

⑩⑨ 打开"7-展架旅行箱.tif"文件，如图 13-121 所示。

图 13-121

⑪⑩ 选择"移动工具" ⊕，分别将商品图像拖曳到"双十一促销活动页面设计"文档中，并调整商品的位置，如图 13-122 所示。

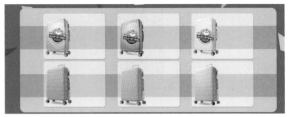

图 13-122

⑪⑪ 新建图层，并将其命名为"展架装饰矩形"，设置前景色为蓝绿色（R:1，G:183，B:170），选择"矩形选框工具" □，绘制矩形选区，并按快捷键 Alt+Delete 填充选区，如图 13-123 所示，按快捷键 Ctrl+D 取消选区。

图 13-123

⑪⑫ 按快捷键 Ctrl+J 复制装饰矩形，选择"移动工具" ⊕，按住 Shift 键垂直拖曳鼠标，调整图形的位置，设置前景色为白色，并单击该图层的"锁定透明像素"按钮 ▨，按快捷键 Alt+Delete，更改图形的颜色，如图 13-124 所示。

⑪⑬ 在"图层"面板中，按住 Ctrl 键，单击"展架装饰矩形 拷贝"图层的缩览图，载入白色矩形外轮廓选区，如图 13-125 所示。

图 13-124　　　　　　　　　图 13-125

⑪⑭ 新建图层，并将其命名为"描边"。执行"编辑>描边"命令，打开"描边"对话框，设置"宽度"为 1 像素，"颜色"为白色，选择"居外"选项，如图 13-126 所示，单击"确定"按钮 确定 ，按快捷键 Ctrl+D 取消选区。

图 13-126

⑮ 选择"展架装饰矩形 拷贝"图层，选择"矩形选框工具"，在白色矩形上绘制选区，并按 Delete 键删除选区内容，效果如图 13-127 所示，按快捷键 Ctrl+D 取消选区。

图 13-127

⑯ 选择"横排文字工具"，分别输入商品的文字信息，如图 13-128 所示。

图 13-128

⑰ 运用同样的方法，按住 Ctrl 键，选中制作的装饰图形和文案文字图层，按快捷键 Ctrl+J 复制图层，选择"移动工具"，按住 Shift 键水平和垂直拖曳，调整位置，并分别更改各商品的文字信息，效果如图 13-129 所示。

图 13-129

⑱ 选择"横排文字工具"，分别输入"客服中心"和相关文字信息，如图 13-130 所示。

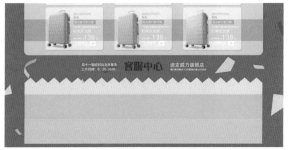

图 13-130

⑲ 选择"钢笔工具"，在选项栏中设置"选择工具模式"为"形状"，"描边"颜色为紫色（R:139,G:99,B:170），"形状描边宽度"为 2 像素，单击"设置形状描边类型"下拉按钮 ——，选择下拉列表中的"虚线描边"选项，

并按住 Shift 键绘制垂直虚线路径，如图 13-131 所示。

图 13-131

⑳ 按快捷键 Ctrl+J 复制两条虚线路径，选择"移动工具"，并按住 Shift 键水平拖曳虚线，分别调整位置，如图 13-132 所示。

图 13-132

㉑ 选择"横排文字工具"，设置前景色为深紫色（R:77,G:41,B:105），分别输入客服区分类文字信息，如图 13-133 所示。

图 13-133

㉒ 打开"8-和我联系.tif"文件，如图 13-134 所示。

图 13-134

㉓ 选择"移动工具"，拖曳图像到"双十一促销活动页面设计"文档中，并按快捷键 Ctrl+T，打开"自由变换"调节框，调整图像的大小和位置，如图 13-135 所示，按 Enter 键确认。

㉔ 按快捷键 Ctrl+Alt+T，打开"自由变换"调节框，并按住 Shift 键垂直向下拖曳复制的客服图标，如图 13-136 所示，按 Enter 键确认。

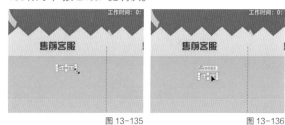

图 13-135　　　　　　　图 13-136

⑫ 按快捷键 Ctrl+Alt+Shift+T，重复上一次的移动复制操作，复制多个图标，如图 13-137 所示。

图 13-137

⑬ 在"图层"面板中，按住 Ctrl 键，选中复制的客服图标，按快捷键 Ctrl+J 复制图层，选择"移动工具" ⊕.，按住 Shift 键水平拖曳鼠标，调整图标的位置，如图 13-138 所示。

图 13-138

⑭ 选择"横排文字工具" T.，设置前景色为白色，分别在对应的图标位置输入客服名字和客服区联系方式等文字信息，如图 13-139 所示。

图 13-139

⑮ 选择"4-店标.tif"文件，选择"移动工具" ⊕.，拖曳店标图像到"双十一促销活动页面设计"文档中，并按快捷键 Ctrl+T，调整图像的大小和位置，如图 13-140 所示，按 Enter 键确认。

⑯ 选择"圆角矩形工具" ▢.，在选项栏中设置"选择工具模式"为"形状"，"填充"颜色为白色，"半径"为 30 像素，在窗口中绘制圆角矩形，如图 13-141 所示。

图 13-140

图 13-141

⑰ 选择"横排文字工具" T.，在圆角矩形位置输入"收藏店铺"，并在下方输入"返回首页"文字信息和相关装饰符号，效果如图 13-142 所示。

图 13-142

⑱ 完成以上所有操作后，对"双十一"促销活动页面设计进行整体调整，最终效果如图 13-143 所示。

图 13-143